华章图书

一本打开的书，一扇开启的门，
通向科学殿堂的阶梯，托起一流人才的基石。

· 网络空间安全技术丛书 ·

深入浅出隐私计算

技术解析与应用实践

李伟荣·著

HEAD FIRST
PRIVACY PRESERVING
COMPUTATION

机械工业出版社
China Machine Press

图书在版编目（CIP）数据

深入浅出隐私计算：技术解析与应用实践 / 李伟荣著 . -- 北京：机械工业出版社，2022.1
（网络空间安全技术丛书）
ISBN 978-7-111-70105-7

I.①深… II.①李… III.①计算机网络 – 网络安全 IV.① TP393.08

中国版本图书馆 CIP 数据核字（2022）第 005764 号

深入浅出隐私计算：技术解析与应用实践

出版发行：机械工业出版社（北京市西城区百万庄大街 22 号 邮政编码：100037）

责任编辑：董惠芝   责任校对：马荣敏

印　　刷：北京市荣盛彩色印刷有限公司   版　　次：2022 年 2 月第 1 版第 1 次印刷

开　　本：186mm×240mm　1/16   印　　张：16

书　　号：ISBN 978-7-111-70105-7   定　　价：89.00 元

客服电话：（010）88361066　88379833　68326294   投稿热线：（010）88379604

华章网站：www.hzbook.com   读者信箱：hzjsj@hzbook.com

本书法律顾问：北京大成律师事务所　韩光 / 邹晓东

"各种人类物种在亚非大陆上潜伏演化了 200 万年，不断磨炼狩猎技能，而且从大约 40 万年前便开始猎捕大型动物，所以，亚非大陆上的巨兽都已经得到教训，懂得与人类保持距离。等到最新一代最高掠食者——智人出现在亚非大陆的时候，大型动物都已经懂得要避开那些与当地人种长相类似的生物。

相较之下，澳大利亚的巨型动物可以说是完全没有时间学会该赶快逃跑。毕竟人类看起来似乎不太危险，既没有长而锋利的牙齿，也没有结实、敏捷的身体。对这些动物来说，需要靠演化才能学会惧怕人类，但因为时间根本不够，它们转眼间便已灭绝。"

——《人类简史》

这是《人类简史》一书中让我感慨颇深的一段话，讲述的是智人在 4.5 万年前抵达澳大利亚之后是如何导致原生物种大灭绝的一种可能的解释。虽然具体原因还有待科学家的研究证明，但血淋淋的物种灭绝事实让人毛骨悚然。

无独有偶，澳洲大陆南部有个小岛叫塔斯马尼亚岛，大约 1 万年前这个小岛被巴斯海峡彻底切断了和澳洲大陆的联系。18 世纪澳洲人登上这个孤岛的时候，惊讶地发现，这个岛上的原住民不但不会编织衣服，甚至连制造工具的基本能力都已经丧失，只会使用最简单的石头和木棒。要知道，人类在百万年前就已经进入旧石器时代，1 万年前人类已经进入新石器时代，已经开始制作陶器、纺织、农耕和畜牧。换言之，"孤岛效应"仅仅用了 1 万年就将岛上的文明倒退回最原始的状态，新的信息不仅没有传入，原有的知识和技能还在不停地流失。

这是生物和文明进化过程中的两个典型的"孤岛效应"，如果类比到计算机世界，DNA 就像承载了亿万年生物进化的巨大数据库，澳大利亚和塔斯尼亚岛俨然成为巨大的"数据孤岛"，既进入了有效的稳定状态，同时也碰到了优化、发展的天花板。然而，同时远隔天水之外的大陆，却在不断进行各种各样的数据交换、融合、竞争、演进、扩张。对于孤岛而言，最终的结果是毁灭性的，而且会来得极其突然而毫无征兆。

数据孤岛也是如此，我们不仅要认识到打破数据孤岛带来的裨益，更要清楚地认识到处于数据孤岛的潜在巨大危机，以及解决数据孤岛问题的必要性和紧迫性。近几年，越来越多的同行在努力研发和推广数据的"互联互通"。但同时，由于数据很容易涉及隐私和机密，因此其互联互通有着极为特殊的要求，既要能够互通融合分析，又要能够在一定条件下有效保护原始数据和私密不泄露，有效保障数据所有权和使用权的分离，这恰恰就是隐私计算的强大功效和魅力。话虽如此，隐私计算理论较深，产业化尚属早期，使用门槛很高，这使得隐私计算目前还仅仅是少数大公司和专业技术公司才能触及的领域，而拥有广泛、巨量专业数据的中小企业甚至传统大型企业还较难像应用数据库技术一样快速便捷地把隐私计算应用起来。健康的数据生态一定是源于数据领域、种类和应用的多样性的，因此，只有普及隐私计算的基础概念，了解快速应用隐私计算技术的基本方法和途径，夯实隐私计算市场和大众基础，才能让更多的企业和个人充分参与到数据互联互通的创新中，才能避免树立技术障碍而形成新的"技术孤岛"，从而真正打破"数据孤岛"。这即是我读过本书后感受到的意义之一。作者通过朴实平白的语言解释几种主要的隐私计算技术原理，更通过人人可以触及的行业开源库实现实际的应用案例，真正揭开隐私计算的神秘面纱，并使其基本应用变得唾手可得。本书既展示了通过隐私计算实现"数据可用不可见"，又体现出隐私计算本身"技术可用不神秘"，从而经得起大众的推敲和行业的锤炼。

说到隐私计算的应用，很多朋友首先会想到大数据方面，特别是配合机器学习的联合建模在国内的应用案例中尤为常见。其实，隐私计算不仅可以应用到大数据领域，在小数据和专业针对性领域同样可以发挥关键作用，甚至在国外小数据隐私计算的应用历史更为悠久，发挥的作用更突出，隐私及其保护更容易被清晰地定义，性能和效果也更稳定可靠 。姚期智教授最早提出的"百万富翁"问题其实本身就是一个小数据的应用；行业应用当中比较有代表性的例子是2008年丹麦甜菜拍卖，隐私保护只是针对参与拍卖的交易报价及清算数据；此外还有门限签名，它将多方安全计算应用到数字钱包的密钥管理和保护，此技术已经得到PayPal等大型金融科技公司的青睐。本书的作者也曾和我共同致力于利用隐私计算实现多中心化金融资产交易的新型基础设施，以期充分兼顾"交易的隐私性、监管的透明性"，特别是应用在某些时效和敏感性较高、需要重点防范平台方利益输送的交易领域。因此，这是本书的意义之二。作者在每个章节都选择了有代表性的简单应用案例为大家提供隐私计算在小数据领域的应用模板。当然，大数据也好，小数据也罢，什么是隐私，隐私要保护到什么程度，保护隐私后实现的计算能带来什么样的商业和行业价值，这才是我们始终应该思考的问题。相信本书一定程度上能够为读者回答这些问题拓展思路。

最后，相信细心的读者不难发现，作者在本书介绍了很多国外的隐私计算开源项目，这也方便大家对国外在该领域的发展状况有一个直观的了解。必须要承认，国外在这个领域闷头发展了十几年，既有较深的理论研究，同时也非常务实地多方向发展了很多面向产业应用的开发框架，而且非常不拘一格。举一个有代表性的例子，书中会介绍波士顿大学开发的框架 JIFF。有意思的是，这个框架并没有选择 C、Java 或者 Python 等大数据分析常用的编程语言来实现，而是选择了 JavaScript，因为开发者希望借此方便 Web 和移动开发。相对来说，Web 和移动应用更为简单友好，开发效率更高，成本也更低。虽然 JIFF 还是学术研发性质的开发框架，但其设计目标和理念非常务实和落地，这一点我觉得非常值得我们借鉴，希望这本书在介绍隐私计算技术的同时，也对读者考虑广泛而朴实的应用有所启发。

隐私计算的成功还需要很多驱动因素，除了技术，还有法律、监管、行业标准等，但最终依靠的还是广大开发者以及不断试错的多样化应用生态。

希望这本书能为你的隐私计算之旅铺下坚实的第一级台阶。

许慎

2021 年 12 月于香港

前言 *Preface*

为什么要写这本书

几年前，我第一次接触隐私计算技术时，马上就被它所具有的神奇能力所吸引。隐私计算技术可以让数据"可用不可见"，这是多么神奇的事情，令人难以置信。因为数据几乎可以零成本地被复制，所以长期以来数据所有权一直难以得到有效保护，数据隐私问题也难以解决，进而导致数据拥有方缺乏提供数据的动力和意愿，造成了大量的数据孤岛。数据交易并没有形成规模，数据石油远远没有被充分开采。如果通过隐私计算技术实现数据"可用不可见"，进而实现数据所有权和数据使用权的分离，那么数据孤岛问题就很可能得到解决。我仿佛已经看到数据石油井喷的场景，着实兴奋。

然而随着研究的深入，我发现这件事情并没有一开始想的那么简单。单就隐私而言，"什么是隐私""数据中是否包含隐私"这些问题其实并不容易说清楚、想明白。比如 Netflix 曾举办了一场根据公开数据推测用户电影评分的比赛（Netflix Prize），公开数据中抹去了可识别用户的信息，但一年后，来自得克萨斯大学奥斯汀分校的两名研究员将公开数据与 IMDB（互联网电影数据库）网站的公开记录进行关联，通过差分攻击等手段识别出了部分匿名用户的身份。三年后，Netflix 最终因隐私泄露宣布停止该比赛，并付出了百万美元的高额赔偿金。可见，判断数据是否包含隐私、是否可以安全公开并不简单。

经过多年的学习和思考，我认为解决数据隐私问题没有银弹，也不存在绝对的数据安全。数据要流通、要共享，就必然要透露给别人之前所不知的新信息。问题的关键在于，流通、共享过程中对透露的信息如何衡量和控制，而这正是隐私计算技术需要解决的问题。然而，目前隐私计算技术虽然种类不少，但总体上都谈不上十分成熟。公众对隐私计算技术也不够了解。市面上虽有学术论文著作，但鲜有技术入门类的书籍。鉴于此，我本着分享技术的初衷，将近年来所学的隐私计算技术整理成书，希望能帮到一部分读者，鼓励他们在应用研发方案设计过程中考虑使用这项技术。

读者对象

- ❑ 大数据专业、数据安全专业的学生。
- ❑ 对数据安全感兴趣的程序员。
- ❑ 对数据隐私保护有需求的开发人员、架构师。

本书特色

目前，市面上涉及隐私计算的书籍主要以联邦学习为主题，且应用场景主要是机器学习，鲜有介绍隐私计算中各项基础安全保护技术的。本书讲述了隐私计算中的各项基础安全保护技术及实现这些技术的开源应用开发框架，并选取应用案例进行实践，有利于初学者快速上手学习。

如何阅读本书

本书分 4 篇。

- ❑ 基础概念篇（第 1、2 章）：讲述隐私计算的起源、发展、概念等基础知识，为后续深入讲解隐私计算原理和技术做铺垫。
- ❑ 安全保护技术篇（第 3~8 章）：讲述隐私计算技术中的各项基础安全保护技术，包括混淆电路、秘密共享、同态加密、零知识证明、差分隐私、可信执行环境。
- ❑ 应用技术篇（第 9、10 章）：通过两个综合案例介绍隐私计算中基础安全保护技术的应用。
- ❑ 展望篇（第 11 章）：描述隐私计算技术标准化的相关进展，探讨隐私计算技术的困境和发展前景。

其中，第一篇以基础知识为主，如果你熟悉隐私安全的相关基础知识，可以直接跳过这部分内容。但是如果你是一名初学者，请一定从第一篇开始学习。第二篇的各章比较独立，你可根据自己的兴趣优先选择其中某些内容阅读。另外，本书涉及的编程语言较多，读者不必拘泥于编程语言细节，重点关注相关技术的原理和方法即可。

勘误和支持

登录 https://github.com/li-weirong/ppct 可下载书中全部源文件，登录 https://hub.docker.com/u/liweirong 可拉取 Docker 镜像文件。由于笔者能力有限，书中难免会存在一些错误或者不准确的地方，恳请读者批评指正。如果你有宝贵意见，请发送邮件到邮箱 liweirong@outlook.com，期待得到你的真挚反馈。

致谢

首先要感谢前公司领导许慎，是他带我走进隐私计算这一前沿技术的世界，让我领略到了这一新技术的魅力。

其次要感谢机械工业出版社华章公司的编辑杨福川和陈洁，他们在我写作期间始终支持我，引导我顺利完成了全部书稿。

最后感谢我的家人，他们在我编写此书的过程中始终支持和鼓励我，让我安心思考和写作，从而最终完稿。

谨以此书献给我最亲爱的家人！

目录 *Contents*

第一篇

基础概念

隐私计算技术作为重大科技趋势正逐渐受到政府和企业的重视，更成为商业和资本竞逐的热门赛道。了解并掌握隐私计算技术，将成为立足大数据时代的必备技能。学习一门技术首先应该了解其发展脉络和基本概念。本篇主要介绍隐私计算技术的起源与发展、相关基础概念以及密码学的一些基础知识，希望能让读者先对目前主流的隐私计算技术流派有一个总体的了解，帮助读者建立起对隐私计算技术的整体认知，为在下一篇中进一步学习各种安全防护技术打好基础。

第 1 章 | *Chapter 1*

隐私计算技术的起源、发展及应用

本章将从隐私计算技术的起源开始说起，介绍什么是隐私计算，以及隐私计算的发展脉络，并进一步介绍隐私计算技术的一些应用场景，帮助读者了解后续介绍的各种隐私计算技术在隐私计算体系中所处的位置。

1.1 隐私计算技术的起源

"假设有两个百万富翁，他们都想知道谁更富有，但他们都想保护好自己的隐私，都不愿意让对方或者任何第三方知道自己真正拥有多少财富。那么，如何在保护好双方隐私的情况下，计算出谁更有钱呢？"

这是 2000 年图灵奖得主姚期智院士在 1982 年提出的"百万富翁"问题。这个烧脑的问题涉及这样一个矛盾，如果想比较两人谁更富有，两人似乎就必须公布自己的真实财产数据。但是，两个人又都希望保护自己的隐私，不愿让对方或者任何第三方知道自己的财富。在普通人看来，这几乎是一个无解的悖论。

然而在专业学者眼里，这是一个加密学问题，可以表述为"一组互不信任的参与方在需要保护隐私信息以及没有可信第三方的前提下进行协同计算的问题"。这也被称为"多方安全计算"（Secure Multiparty Computation，SMC）问题。姚期智院士在提出"多方安全计算"概念的同时，也提出了自己的解决方案——混淆电路（Garbled Circuit，将在第 3 章进一步阐述）。随着多方安全计算问题的提出，投入到多方安全计算研究的学者越来越多。除了混淆电路之外，秘密共享（将在第 4 章进一步阐述）、同态加密（将在第 5 章进一步阐述）等技术也开始被用来解决多方安全计算问题，隐私计算技术也逐步发展了起来。

1.2　隐私计算的概念

多方安全计算在 20 世纪 80 年代初提出的时候，还只是作为一种亟待可行性验证的技术理论，而后计算机算力不断提高，移动互联网、云计算和大数据等技术快速发展，催生了众多新的服务模式和应用。这些服务和应用一方面为用户提供精准、个性化的服务，给人们的生活带来了极大便利；另一方面又采集了大量用户的信息，而所采集的信息中往往含有大量包括病史、收入、身份、兴趣及位置等在内的敏感信息，对这些信息的收集、共享、发布、分析与利用等操作会直接或间接地泄露用户隐私，给用户带来极大的威胁和困扰。个人隐私保护成为人们广泛关注的焦点，人们也都认识到隐私信息是大数据的重要组成部分，而隐私保护关乎个人、企业乃至国家的利益。

针对隐私保护问题，学术界开展了大量的研究工作，包括多方安全计算技术在内的隐私保护技术在逐步完善发展中得以应用。然而，隐私缺乏定量化的定义，隐私保护的效果、隐私泄露的利益损失以及隐私保护方案融合的复杂性三者缺乏系统的计算模型，这就使得隐私信息在不同系统和不同用户间的共享、交换和分析过程中难以被准确刻画和量化，阻碍了各类计算和信息服务系统对隐私进行有效、统一的评价。针对这一问题，2016 年，中国科学院信息工程研究所研究员李凤华等对隐私计算在概念上进行了界定：隐私计算是面向隐私信息全生命周期保护的计算理论和方法，具体是指在处理视频、音频、图像、图形、文字、数值、泛在网络行为信息流等信息时，对所涉及的隐私信息进行描述、度量、评价和融合等操作，形成一套符号化、公式化且具有量化评价标准的隐私计算理论、算法及应用技术，支持多系统融合的隐私信息保护。隐私计算涵盖信息所有者、搜集者、发布者和使用者在信息采集、存储、处理、发布（含交换）、销毁等全生命周期中的所有计算操作，是隐私信息的所有权、管理权和使用权分离时隐私描述、度量、保护、效果评估、延伸控制、隐私泄露收益损失比、隐私分析复杂性等方面的可计算模型与公理化系统。

同时，中国信通院根据数据的生命周期，将隐私计算技术分为数据存储、数据传输、数据计算过程、数据计算结果 4 个方面，每个方面都涉及不同的技术，如图 1-1 所示。数据存储和数据传输技术相对成熟，读者也可能应用过相关技术，因此本书将主要介绍数据计算过程和数据计算结果相关的隐私计算技术。

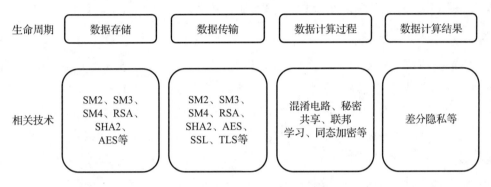

图 1-1　根据生命周期划分的隐私计算技术

根据数据生命周期，我们可以将隐私计算的参与方分为输入方、计算方和结果使用方三个角色，如图 1-2 所示。在一般的隐私计算应用中，至少有两个参与方，部分参与方可以同时扮演两个或两个以上的角色。计算方进行隐私计算时需要注意"输入隐私"和"输出隐私"。输入隐私是指参与方不能在非授权状态下获取或者解析出原始输入数据以及中间计算结果，输出隐私是指参与方不能从输出结果反推出敏感信息。

图 1-2　隐私计算参与方的三种角色

联合国全球大数据工作组将隐私保护计算技术定义为在处理和分析数据的过程中能保持数据的加密状态、确保数据不会被泄露、无法被计算方以及其他非授权方获取的技术。与之基本同义的一个概念是"隐私增强计算技术"，通常可换用。本书统一使用中文简称"隐私计算技术"。

1.3 隐私计算技术的发展脉络

现在，除了 MPC 技术外，隐私计算领域还呈现出更多新的技术特点和解决方案。目前，从技术层面来说，隐私计算主要有两类主流解决方案：一类是采用密码学和分布式系统；另一类是采用基于硬件的可信执行环境（Trusted Execution Environment，TEE）。

目前，密码学方案以 MPC 为代表，通过秘密共享、不经意传输、混淆电路、同态加密等专业技术来实现。近几年，其性能逐渐得到提升，在特定场景下已具有实际应用价值。基于硬件的可信执行环境方案是构建一个硬件安全区域，隐私数据仅在该安全区域内解密出来进行计算（安全区域之外，数据都以加密的形式存在）。其核心是将数据信任机制交给像英特尔、AMD 等硬件方，且因其通用性较高且计算性能较好，受到了较多云服务商的推崇。这种通过基于硬件的可信执行环境对使用中的数据进行保护的计算也被称为机密计算（Confidential Computing）。另外，在人工智能大数据应用的大背景下，近年来比较火热的联邦学习也是隐私计算领域主要推广和应用的方法。

图 1-3 展示了各项隐私计算技术的发展时间线。可以看出，隐私计算技术还是比较"年轻"的技术。

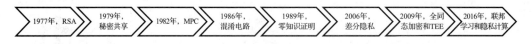

图 1-3　隐私计算技术的发展时间线

《腾讯隐私计算白皮书 2021》将当前隐私计算的体系架构总结为图 1-4。一般而言，越是上层，其面临的情况可能越复杂，往往会综合运用下层中的多项技术进行安全防护。虽然根据多方安全计算的定义，联邦学习（也就是图 1-4 中的"联合学习"）也应该属于广义的"多方安全计算"范畴，但可能是由于当前机器学习比较火热，业界普遍将联邦学习单独列出。本书将在安全保护技术篇重点介绍图 1-4 中"安全保护技术"这一层的相关技术，并在应用技术篇介绍联合学习（即联邦学习）以及属于多方安全计算应用的 PSI 技术。另外，由于可信计算与可信执行环境的特殊关系，本书也将在第 8 章中一并讲述。

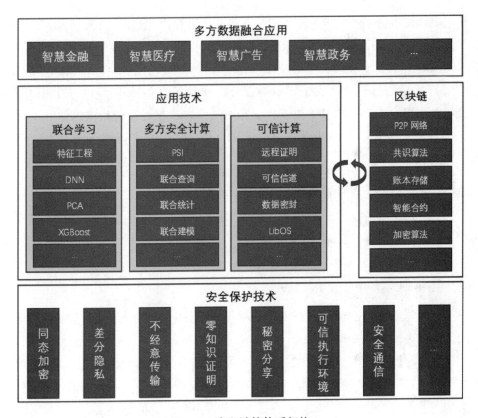

图 1-4 隐私计算体系架构

1.4 隐私计算技术是重大科技趋势

近年来，随着互联网技术的蓬勃发展，数据量呈指数级增长，大数据时代已悄然到来。我们可从以下几个方面看出隐私计算技术已是重大科技趋势。

1.4.1 政策扶持

技术产业的发展离不开政策的扶持。2018 年 5 月生效的《通用数据保护法案》（GDPR）被称为欧盟"史上最严"条例。该法案除了引入巨额的罚款措施之外，还明确了数据保护的技术效果。Google、Facebook 等都收到了巨额罚单，多家国际集团公司面临隐私监管机构提起的诉讼。各企业纷纷更新隐私政策，对隐私保护的重视程度达到了史无前例的高度。

我国也相继出台了《中华人民共和国网络安全法》《信息安全技术个人信息安全规范》及其相关行业应用的国家技术标准，明确了企业在收集、保存和使用非公开隐私数据时所需要达到的技术效果及建议使用的标准化技术手段。2019 年发布的《数据安全管理办法》更是从数据角度出发，确立数据分级分类管理以及风险评估、检测预警和应急处置等数据安全管理各项基本制度，为市场上从事数据活动的机构提供了一个相对公平、公开的竞争环境。2020 年 1 月生效的《中华人民共和国密码法》从法律层面申明了密码技术的重要性。

政策法规的陆续生效规范了基于隐私数据的商业探索，正积极推动隐私保护从宣传口号向真正可以落实的技术进行转变，不仅为隐私数据属主的合法权益提供了保障，而且为挖掘高价值的数据信息提供了前所未有的商业机遇。

1.4.2　商业市场前景

除了存量业务的合法合规需求之外，隐私保护产业更大的价值在于促进创新数据业务的落地。在过去，由于法律法规的不明确以及技术能力的不足，大量数据形成数据孤岛，无法产生应有的数据价值。在法律法规方面，原始数据一旦从企业流通出去，企业就失去了对数据的控制权，很难获知数据的实际使用情况，隐私数据存在被滥用的可能。在商业利益方面，数据作为企业资产之一，流通不可控会削弱企业的核心竞争力，可能还会打破自身的商业壁垒，甚至可能因为数据被滥用而面临法律问题以及巨额罚单。因此，虽然很多企业积累了大量数据，但数据的商业应用面临种种限制，商业价值还远未被挖掘。

发展隐私计算技术正是消除这些限制的关键，众多投资机构也敏锐地发现了隐私计算技术的商机。表 1-1 列出了部分以隐私保护为产品设计卖点的初创公司的融资数据，反映了全球资本市场对隐私保护产业市场前景的认可。

表 1-1　隐私保护相关公司融资情况表

公司名称	公司简介	融资描述
Datavant	使用隐私计算技术帮助生命科学和医疗机构安全连接数据的服务商	2020 年 10 月 B 轮融资 4000 万美元
Enveil	技术的核心创新点是大范围实现同态加密，使大规模搜索、分析和计算加密数据成为可能	2020 年 2 月 A 轮融资 1000 万美元
Inpher	基于多方安全计算和同态加密提供隐私保护的数据分析和机器学习产品	2018 年 11 月 A 轮融资 1000 万美元
OneTrust	提供隐私管理程序，帮助公司遵守 GDPR、《加州消费者隐私法》和其他数百项全球隐私法律	2020 年 12 月 C 轮融资 3 亿美元

（续）

公司名称	公司简介	融资描述
华控清交	自主开发并推出了一系列基于多方安全计算的隐私计算技术，可以使多个非互信数据库在数据相互保密的前提下进行高效数据融合计算，实现数据"可用不可见、可控可计量"	成立于 2018 年 6 月，成立不到一年已完成两轮融资，估值超过 12 亿元。2021 年 10 月 B 轮融资的投后估值超 40 亿元
翼方健数	以医疗行业为切入点，专注于隐私安全计算领域的大数据和人工智能	2020 年 7 月完成数千万美元 B 轮融资。2021 年 7 月完成超过 3 亿元的 B+ 轮融资
锘崴科技	旨在打造一流的大数据隐私云计算平台，通过分离数据的所有权、管理权和使用权，充分实现数据安全共享和快捷有效的大数据流转	2020 年初完成 A 轮数千万元人民币融资。2021 年 8 月完成亿元级 B 轮融资
洞见科技	以安全多方计算、联邦学习、区块链为核心技术的数据智能科技服务商	2020 年 8 月完成天使轮融资约 2000 万元。2021 年 3 月完成数千万元的 Pre-A 轮融资

近年来，众多国内外科技巨头也一直在布局隐私计算产业，微软、谷歌、蚂蚁金服、腾讯、百度等都已推出各自的基于隐私计算的相关产品。而且，头部互联网公司凭借数据优势和规模效益加快研发，金融、通信、区块链公司也在陆续规划入场，巨大的市场正在形成。

1.4.3　商业研究机构的认同

近年来，商业研究机构在关注数据经济的同时也关注到了隐私计算技术的价值和科技趋势，纷纷提出隐私计算技术是战略趋势，应发展和利用隐私计算技术解决数据孤岛问题，释放数据价值。

1. 德勤与世界经济论坛

2019 年 9 月，德勤（Deloitte）在世界经济论坛上发布白皮书"The Next Generation of Data-Sharing in Financial Services: Using Privacy Enhancing Techniques to Unlock New Value"，提出隐私计算是金融服务领域的下一代数据分享方式，应该使用隐私计算技术来解决数据孤岛问题、释放数据价值。报告举例说明了同态加密、零知识证明等隐私计算技术如何在金融服务中实现隐私保护，并认为隐私计算技术可以改变数据共享现状，让金融机构以客户、监管机构和整个社会都能接受的方式解决目前最紧迫的问题，并创造价值。

2. Gartner

2020 年 10 月，Gartner（全球最具权威的 IT 研究与顾问咨询公司之一）发布了 2021

年需要深挖的 9 项重要战略科技趋势，其中一项包含隐私增强计算（Privacy-Enhancing Computation）。与 Gartner 前一年发布的 2020 年十大重要战略趋势比较可以发现，Gartner 在持续关注数据和隐私，并把隐私增强计算作为一项新的战略趋势单独提出，足见隐私计算在当今科技发展中的前沿性和重要性。Gartner 公司认为，到 2025 年，一半以上大型组织将实施隐私增强计算，以在不受信任的环境和多方数据分析用例中处理数据。而 Gartner 所称的隐私增强计算也就是我们所说的隐私计算。

3. 毕马威

2021 年 4 月，毕马威与微众银行联合推出了"深潜数据蓝海：2021 隐私计算行业研究报告"，在报告中分析得出隐私计算受到大数据融合应用和隐私保护的双重需求驱动，也是目前国内外政策法规的必然要求，将撬动千亿级规模市场。隐私计算作为近年来兴起的面向隐私信息全生命周期保护的计算方法，将为数据安全共享带来根本性的转变。

1.5　隐私计算技术的应用场景

隐私计算技术可以为各参与方提供安全的合作模式，在确保数据合规使用的情况下，实现数据共享和数据价值挖掘，有着广泛的应用前景。目前，隐私计算技术的应用场景还在不断扩展。

1.5.1　金融行业

在金融行业，数据渠道融合与风险控制是业务实施的重要部分。作为数据隐私安全的重要保障，隐私计算技术在金融领域的应用前景广阔。隐私计算技术可以应用于金融行业的获客和风控，比如多家金融机构在不泄露客户个人信息的前提下对客户进行联合画像和产品推荐；在多头借贷等场景下，在不泄露客户已有贷款数额、各金融机构所拥有的黑名单等信息的前提下有效评估客户的信用情况，降低违约风险。

以征信系统为例，银行、小贷公司等金融机构需要通过多个信息渠道对潜在用户的历史记录进行多维度计算分析。但由于这些数据具有很高的隐私性，且很多信息渠道并不具备足够安全可靠的信息传输管控技术，征信系统的数据丰富性不足或者维度缺失。如图 1-5 所示，通过隐私计算中的多方安全计算技术，各金融机构、信息渠道可形成征信系统联盟，各方数据无须离开本地就能提供数据分析服务。

用户已贷款 3 笔,贷款总额达 20 万元,未按时还款次数为 0

图 1-5　基于多方安全计算技术的征信系统联盟

1.5.2　医疗健康行业

在医疗健康行业,利用人工智能技术针对病情与病例数据建立机器学习模型并训练,可以提高医疗科研与病情推断的效率,提升医疗服务的精准度。但是由于之前缺乏统筹规划和顶层设计,各地医院的信息系统独立且分散;同时,由于医疗数据属于极度隐私的信息,为了避免出现合规风险,各医疗机构普遍对数据持保守态度,病情与病例数据不允许离院共享,各医疗渠道信息的数据融合难度极大,阻碍了医疗系统的智能化发展。隐私计算技术能够保护数据隐私,有望打破医疗数据孤岛现象,在医疗行业大有可为。比如利用隐私计算中的联邦学习技术,各医疗机构可实现在原始数据不离院的情况下进行联合建模,如图 1-6 所示。事实上,在医疗健康领域,隐私计算技术已经逐步落地。

1.5.3　政务行业

在政务行业,随着数字经济的发展,智慧城市与政务大数据逐步深入人心,各地政府不断加强推动大数据的规划设计,多地政府设立大数据发展局、大数据管理局等相关管理机构。政务数据涉及医保、社保、公积金、税务、司法、交通等方方面面,隐私安全尤为重要,如能利用隐私计算技术打通政务数据、挖掘数据潜能,那么智慧城市建设必将如虎添翼。举例来说,隐私计算技术可以提供政府数据与电信企业、互联网企业等社会数据融合的解决方案,比如可以联合多部门的数据对道路交通状况进行预判,实现车辆路线导航的最优规划，减缓交通堵塞。目前，在一些地方政府的相关规划里，隐私计算技术有望成为下一个应用推广的重点。

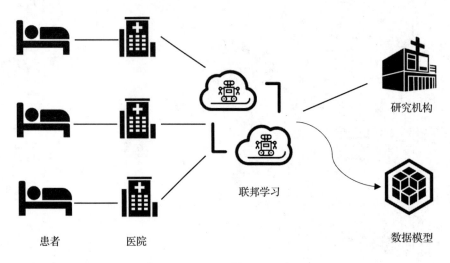

患者　　　　　医院　　　　　　　　　联邦学习　　　　　　　　数据模型

图 1-6　基于联邦学习的医疗场景

　　未来，隐私计算技术将广泛应用于金融、保险、医疗、物流、汽车等众多拥有隐私数据的领域，在解决数据隐私保护问题的时候，也帮助解决行业内数据孤岛问题，为大量 AI 模型的训练和技术落地提供一种合规的解决方案。

1.6　本章小结

　　隐私计算是面向隐私信息全生命周期保护的计算理论和方法。在 1982 年姚期智院士提出"百万富翁"问题之后，隐私计算技术随着计算机算力以及互联网技术的发展而逐步完善。近年来，无论是政府机构还是商业机构都对隐私计算技术给予了前所未有的重视。很多投资机构看到了隐私计算技术的巨大商业潜力，纷纷进行战略布局。相信在不久的将来，隐私计算技术会在金融、医疗健康、政务等行业得到更加广泛、深入的应用。

第 2 章　*Chapter 2*

隐私计算技术的基础知识

万丈高楼平地起，隐私计算技术这座高楼大厦也有其重要的基础。在具体介绍各类隐私计算技术之前，我们需要了解一些基础知识，这些知识对读者理解后续介绍的各类技术原理会有帮助。

2.1　非对称加密 RSA 算法

由于 RSA 算法也是隐私计算中经常用到的基础算法（比如在不经意传输、同态加密等隐私计算中），因此在这里对 RSA 算法做简单的介绍。在此之前，先介绍 RSA 算法的一些基础知识，然后再介绍 RSA 算法的密钥生成以及加解密。

2.1.1　RSA 算法基础

1. 欧拉函数

任意给定正整数 n，在小于等于 n 的正整数中，有多少个数与 n 构成互质关系？（比如，在 1 到 8 中，有多少个数与 8 构成互质关系？）计算这些值的方法叫作欧拉函数，以 $\varphi(n)$ 表示。在 1 到 8 中，与 8 形成互质关系的是 1、3、5、7，所以 $\varphi(8)=4$。

2. 欧拉定理

如果两个正整数 a 和 n 互质，则 n 的欧拉函数 $\varphi(n)$ 可以让下面的等式成立：

$$a^{\varphi(n)} \equiv 1 (\text{mod } n)$$

也就是说，a 的 $\varphi(n)$ 次方被 n 除的余数为 1。或者说，a 的 $\varphi(n)$ 次方减去 1，可以被 n 整除。比如，3 和 7 互质，而 7 的欧拉函数 $\varphi(7)$ 等于 6，所以 3 的 6 次方（也就是 729）减去 1，可以被 7 整除（728/7=104）。欧拉定理的证明比较复杂，且不是本书的重点，此处省略。

3. 费马小定理

再来看一下欧拉定理的一个特殊情况。假设正整数 a 与质数 n 互质，因为质数 n 的 $\varphi(n)$ 等于 $n-1$，则欧拉定理可以写成下面的公式：

$$a^{n-1} \equiv 1 (\text{mod } n)$$

它是欧拉定理的特例，也被称为费马小定理。

4. 欧拉函数之积

欧拉定理还有一个特点，如果 n 可以分解成两个互质的整数之积，即 $n=p1 \times p2$，则

$$\varphi(n) = \varphi(p1 \times p2) = \varphi(p1) \times \varphi(p2)$$

即积的欧拉函数等于各个因子的欧拉函数之积。比如，$\varphi(56)=\varphi(8 \times 7)=\varphi(8) \times \varphi(7)=4 \times 6=24$。

5. 模反元素

如果两个正整数 a 和 n 互质，那么一定可以找到整数 b，使得 $ab-1$ 被 n 整除，或者说 ab 被 n 除的余数是 1。

$$ab \equiv 1 (\text{mod } n)$$

这时，b 就叫作 a 的模反元素。比如，3 和 11 互质，那么 3 的模反元素就是 4，因为 $(3 \times 4)-1$ 可以被 11 整除。显然，模反元素不止一个，比如 15 也是 3 的模反元素。而欧拉定理可以用来证明模反元素必然存在。可以看到，a 的 $\varphi(n)-1$ 次方就是 a 的模反元素。

$$a^{\varphi(n)} = a \times a^{\varphi(n)-1} \equiv 1 (\text{mod } n)$$

欧拉定理是 RSA 算法的核心。理解了这个定理，我们就可以来进一步了解 RSA 的密钥生成了。

2.1.2　密钥生成

这里分 6 步来描述 RSA 公私钥的生成过程。

1）随机选择两个不相等的质数 p 和 q，比如 61 和 53。实际应用中，这两个质数越大，就越难破解。

2）计算 p 和 q 的乘积 n。比如 $n=61 \times 53=3233$。

3）计算 n 的欧拉函数 $\varphi(n)$。$\varphi(n)=\varphi(p \times q)=\varphi(p)\varphi(q)=(p-1)(q-1)$。因此，$\varphi(3233)$ 等于 60×52，即 3120。注意，这里用到了上面提到的欧拉函数之积。

4）随机选择一个整数 e，选择条件是 $1<e<\varphi(n)$，且 e 与 $\varphi(n)$ 互质。比如在 1 到 3120 之间，随机选择 17。

5）计算 e 对于 $\varphi(n)$ 的模反元素 d。根据上文提到的模反元素的定义，$ed \equiv 1(\mathrm{mod}\ \varphi(n))$。

这个式子等价于 $ed-1=k\varphi(n)$。因此找到模反元素 d，实质上就是对下面这个二元一次方程求解：$ex+\varphi(n)y=1$。即已知 $e=17$，$\varphi(n)=3120$，$17x+3120y=1$。

这个方程可以用"扩展欧几里得算法"（又叫辗转相除法）求解，此处省略具体过程。总之，可以计算出一组整数解为 $(x, y)=(2753, -15)$，即 $d=2753$。至此，所有计算完成。

6）将 n 和 e 封装成公钥，n 和 d 封装成私钥。在这个例子中，$n=3233$，$e=17$，$d=2753$，所以公钥就是（3233, 17），私钥就是（3233, 2753）。

🛈 **注意**　细心的读者可能注意到公钥中包含 n，如果攻击者能够根据 n 反推出 p 和 q，就能计算出私钥。可以看出，RSA 的安全性是基于大整数因素分解极其困难这一假设的。目前，大整数因数分解除了暴力破解，没有很好的解决方案。根据已经披露的文献，人类分解的最大长度的二进制数为 768 位，1024 位的长度目前尚未破解。一般认为，1024 长度的二进制密钥是基本安全的，2048 位的密钥极其安全。并且目前 RSA 算法可以支持 4096 位密钥长度，其分解难度超乎想象。但是，有学者提出量子算法可以指导量子计算机轻松进行大数因子分解。算法虽然出来了，但能够运行这些算法的量子计算机离实现还比较遥远，因此目前 RSA 算法还是可以放心使用的。

实际应用中，公钥和私钥的数据都采用 ASN.1 格式表达。标准的 ASN.1 编码规则有基本编码规则（Basic Encoding Rule，BER）、规范编码规则（Canonical Encoding Rule，CER）、唯一编码规则（Distinguished Encoding Rule，DER）、压缩编码规则（Packed Encoding Rule，PER）和 XML 编码规则（XML Encoding Rule，XER）。在实践过程中，我们需要注意加载的密钥所使用的编码规则。

2.1.3 加密与解密

生成公私钥后，我们就可以进行加密计算了。加密计算公式为：$m^e \equiv c(\text{mod } n)$，其中 m 就是要加密的信息，c 就是计算生成的密文。沿用上面的例子，假设 $m=65$，则 $65^{17} \equiv 2790(\text{mod } 3233)$。解密使用计算公式为：$c^d \equiv m(\text{mod } n)$，将密文 2790 代入公式计算可得 $2790^{2753} \equiv 65(\text{mod } 3233)$。

为什么用私钥解密就一定可以得到 m 呢？根据加密公式可知 $c=m^e-kn$，将 c 代入解密公式可得 $(m^e-kn)^d \equiv m(\text{mod } n)$，也就是说我们需要证明这个公式成立，等同于求证 $m^{ed} \equiv m(\text{mod } n)$。

根据模反元素的定义，由于 $ed \equiv 1(\text{mod } \varphi(n))$，也就是 $ed=h\varphi(n)+1$，所以等同于求证 $m^{h\varphi(n)+1} \equiv m(\text{mod } n)$。接下来分两种情况进行证明。

1. 假设 m 与 n 互质

根据欧拉定理，$m^{\varphi(n)} \equiv 1(\text{mod } n)$，可得 $(m^{\varphi(n)})^h \times m \equiv m(\text{mod } n)$，即原式得到了证明。

2. 假设 m 与 n 不互质

m、n 必定含有非 1 公因子，而 n 等于质数 p 和 q 的乘积，因此 m 必然等于 kp 或 kq。以 $m=kp$ 为例，考虑到这时 kp 与质数 q 必然互质，根据费马小定理可知 $(kp)^{(q-1)} \equiv 1(\text{mod } q)$ 成立，进一步通过构造可得 $[(kp)^{(q-1)}]^{h(p-1)} \times kp \equiv kp(\text{mod } q)$ 成立。

因为 n 等于质数 p 和 q 的乘积，根据欧拉函数之积的特点，已知 $(p-1)(q-1)=\varphi(p)\varphi(q)=\varphi(p \times q)=\varphi(n)$，同时根据模反元素定义 $ed=h\varphi(n)+1$，可得 $(kp)^{ed} \equiv kp(\text{mod } q)$。

将等式改写成 $(kp)^{ed}=tq+kp$，进一步改写成 $(kp)^{ed}-kp=tq$。因为 p 和 q 互质，这时 t 必然能被 p 整除（因为等式左边是 p 的倍数，等式右边也应该是 p 的倍数），即 $t=t'p$，则等式又可改为 $(kp)^{ed}=t'pq+kp$。

因为 $m=kp$，$n=pq$，所以 $m^{ed}\equiv m(\mathrm{mod}\ n)$，即原式得到了证明。

2.1.4　基于 RSA 算法的盲签名

盲签名（Blind Signature）是一种在不让签名者获取所签署消息具体内容的情况下进行数字签名的技术。盲签名允许拥有消息的一方先将消息盲化，而后让签名者对盲化的消息进行签名，最后消息拥有者对签字除去盲因子，得到签名者关于原消息的签名。

盲签名的一个通俗的解释是：Alice 想让 Bob 在一张信件上签名，但是不想让 Bob 看到信件上面所写的字。于是，Alice 在信件上面放了一张复写纸，然后将信件和复写纸放到了信封中交给 Bob。Bob 在拿到信封之后直接在信封上面签字，这样字迹就通过复写纸写到了信件上。Alice 拿到信封之后就可以得到 Bob 签过字的信件。

基于 RSA 算法可以实现盲签名，假设 Alice 要让 Bob 对消息 m 进行盲签名，Bob 拥有私钥对 (n, d)，并共享了公钥对 (n, e)，其具体实现步骤如下：

1）Alice 选取与 n 互质的盲因子 k，然后计算 $t\equiv mk^e\ (\mathrm{mod}\ n)$，并把 t 发送给 Bob。

2）Bob 对 t 进行签名，即计算 $t^d\equiv (mk^e)^d\ (\mathrm{mod}\ n)$，并把计算结果发送给 Alice。

3）Alice 计算盲因子 k 的逆元 k^{-1}，并计算 $s\equiv k^{-1}\ t^d\ (\mathrm{mod}\ n)$，根据费马小定理，可得 $t^d\equiv (mk^e)^d\equiv m^d\ k^{ed-1}\ k\equiv m^d\ k(\mathrm{mod}\ n)$，进而可得 $s\equiv k^{-1}\ m^d\ k\equiv m^d\ (\mathrm{mod}\ n)$。

最终 Alice 获得了 Bob 的签名，但 Bob 并不知晓所签名的消息 m 的具体内容，即 Alice 获得了 Bob 的盲签名。

2.2　不经意传输

不经意传输（Oblivious Transfer，OT）协议是一个密码学协议。在这个协议中，消息发送者将一批消息发送给接收者，接收者只能从中选取一条。但发送者对接收者选取了哪一条消息无法察觉，接收者也无法知道未选取的其他消息的内容。不经意传输协议可以保护接收者的隐私（选取的消息的内容）不被发送者知道，是密码学的一个基本协议，也叫茫然传输协议。

不经意传输最初是在 1981 年由 Michael O.Rabin 提出的。在茫然传输协议中，发送者 Alice 发送一条消息给接收者 Bob，Bob 会以 1/2 的概率接收到信息。在发送结束后，Alice 并不知道 Bob 是否接收到了信息，Bob 则能确信自己知道是否收到了信息。

另一种更实用的不经意传输协议，被称为二选一不经意传输（1 out 2 Oblivious Transfer），是由 Shimon Even、Oded Goldreich 和 Abraham Lempel 在 1985 年提出的。在二选一不经意传输协议中，Alice 每次发两条信息（m_1、m_2）给 Bob，Bob 提供一个输入，并根据输入获得输出信息。在协议结束后，Bob 得到了自己想要的那条信息（m_1 或者 m_2），而 Alice 并不知道 Bob 最终得到的是哪条。

后续研究者们又进一步拓展出 N 选一不经意传输协议。下面来看一种基于 RSA 加密算法的不经意传输协议的实现方式。

假设发送者 Alice 有 N 个电话号码 $m_0, m_1, \cdots, m_N$，接收者 Bob 只能从中选取一个，但又不想让 Alice 知道他拿到了哪一个号码。

1）发送者 Alice 生成一对 RSA 公私钥，并将公钥（n, e）发送给接收者 Bob。

2）Alice 方生成 N 个随机数 $X_0, \cdots, X_N$，将它们发送给接收者 Bob。

3）Bob 方生成一个随机数 k 以及一个编号标识 b（也就是 Bob 选择了第 b 个电话号码）。

4）Bob 方用接收到的公钥加密 k，同时用自己选中的 X_b（从 Alice 方发送的 N 个随机数中选择的第 b 个随机数）盲化后发送给 Alice，盲化计算公式为 $(X_b + k^e) \bmod n$。

5）Alice 方并不知道 Bob 方究竟选择了哪个，她将 $X_0, \cdots, X_N$ 中的每个数据都拿去解密，获得 $k_0, \cdots, k_N$ 个解密结果。

6）Alice 方对 N 个解密结果分别加上真实要发送的信息后发送给 Bob。

7）Bob 方根据自己选中的消息编号，只需对第 b 个消息解密就可以获得自己选中的电话号码。对于其他消息，Bob 即使去解密也只能获得一个没有意义的随机值。而 Alice 方始终无法获知 Bob 究竟拿到了哪一个号码。

为了方便读者理解，我们将上述步骤整理成表 2-1。

表 2-1　不经意传输协议实现步骤

Alice			信息传输方向	Bob		
计算	秘密信息	公开信息		公开信息	秘密信息	计算
待发送消息	$m_0, m_1, \cdots, m_N$					
生成一对公私钥，并将公钥发送给接收者	d	n, e	->	n, e		接收公钥

（续）

Alice			信息传输方向	Bob		
计算	秘密信息	公开信息		公开信息	秘密信息	计算
生成 N 个随机数并发送给接收者		$X_0, X_1, \cdots, X_N$	->	$X_0, X_1, \cdots, X_N$		
					k, b	生成随机数 k 以及标识 b，$b \in \{0, 1, \cdots, N\}$
		v	<-	$v=(X_b+k^e) \bmod n$		用接收到的公钥加密 k，同时用自己选中的 X_b 来盲化
将 $x_0, \cdots, x_N$ 中的每个数据都拿去解密，获得 $k_0, \cdots, k_N$ 个解密结果	$k_0=(v-X_0)^d \bmod n$ $\cdots$ $k_N=(v-X_N)^d \bmod n$					
加上真实要发送的信息后发送给接收者		$m_0'=m_0+k_0$ $\cdots$ $m_N'=m_N+k_N$	->	m_0' $\cdots$ m_N'		接收消息
					$m_b=m_b'-k$	根据自己选中的消息编号，对第 b 个消息解密

除了基于 RSA 加密算法的不经意传输协议的实现方案之外，研究者们还提出了基于椭圆曲线、基于匿名验证隐藏证书等的实现方案，有兴趣的读者可进一步研究学习。

2.3　布隆过滤器

布隆过滤器（Bloom Filter）是由一个固定大小的二进制向量或者位图（Bitmap）和一系列映射函数组成的。在初始状态时，对于长度为 m 的位数组，它的所有位都被置为 0，如图 2-1 所示。

0	0	0	0	0	0	0	0	0	0	0	0	0	0	0	0
0	1	2	3	4	5	6	7	8	9	10	11	12	13	14	15

图 2-1　布隆过滤器初始状态图

当有变量被加入集合时，通过 k 个映射函数将这个变量映射成位图中的 k 个点，把它们置为 1。图 2-2 以两个数据通过 3 个映射函数进行映射为例展示了布隆过滤器经映射后的状态。查询某个数据的时候，只要看这些点是不是都是 1 就可以大概率知道集合中是否包含该数据了：如果这些点中有任何一个是 0，被查询变量一定不在；如果都是 1，被查询变量很可能存在。为什么说是可能存在，而不是一定存在呢？那是因为映射函数本身就是散列函数，散列函数会有碰撞。

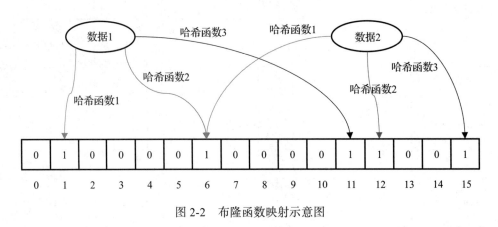

图 2-2 布隆函数映射示意图

可以看出，布隆过滤器在空间和时间方面都有巨大的优势。布隆过滤器存储空间和插入、查询时间都是常数；散列函数相互之间没有关系，方便并行实现；且布隆过滤器不需要存储元素本身，在某些对保密要求非常严格的场合有优势。

2.4 隐私计算安全性假设

一般而言，隐私计算应用中都会涉及一个安全性假设，包括敌手方的能力、行为和在体系中的数量。在这个安全性假设下，某种隐私计算协议、算法能够保证数据安全。

2.4.1 安全行为模型

根据模型对敌手方的能力以及行为假设的不同，安全行为模型一般分为以下三类。

1. 半诚实模型

在半诚实模型（Semi-Honest Adversaries' Security）中，假设敌手方会诚实地参与隐私计算的具体协议，严格遵照协议执行每一步，但是会试图通过从协议执行过程中获取的内容来推测其他参与方的隐私。这类半诚实模型还被称为 Honest but Curious 或 Passive。

这类模型就好比你有一封重要的纸质合同文件要寄给一家合作企业，快递公司是一个很有信誉的企业，但你依然会担心途中哪个快递员会偷窥文件，所以你会把纸质合同装在信封里密封好。如果信封被打开过，收信人拿到信时一眼就可以看出来。对应到图 1-1 中隐私计算参与方的三个角色中，寄信人就是数据输入方，送信人就是计算方，收信人就是结果使用方。

2. 恶意模型

在恶意模型（Malicious Adversaries' Security）中，恶意敌手方不但会试图通过从协议执行过程中获取的内容来推测其他参与方的隐私，还可能会不遵照协议，采取例如伪造消息或者拒绝响应等行为来获取其他参与方的隐私。此类恶意模型还被称为 Active。

还是以上面送信的例子为例，在这类模型中，你会假设可能已经有商业间谍潜伏在快递公司，负责其中某段路程的快递员不但会试图偷窥文件，还可能会伪造一份假的文件来传递。这时，你可能会在信件中加入一些不易察觉的记号，或者使用特殊的信纸来防范。

那么，既然存在恶意敌手，为什么还要假设半诚实模型呢？其实在一般情况下，发动主动攻击要比监听整个计算过程复杂得多。原因是主动攻击通常需要设计非常复杂的程序，难度很高。但是对于单纯获取计算过程中的数据而言，这是比较容易的，所以半诚实模型的假设在实际生活中也是普遍存在的。

3. 隐蔽模型

在隐蔽模型（Covert Adversaries' Security）中，系统中不诚实的参与方不但会试图通过从协议执行过程中获取的内容来推测其他参与方的隐私，还可能会试图通过改变协议行为来挖掘其他参与方的隐私信息。然而，如果不诚实的参与方尝试发起这样的作弊行为，其会有 λ 的概率被其他参与方检测出来。

与恶意模型不同的是，如果没有检测到攻击者（存在一定的概率检测不到攻击者），那么隐蔽模型中的攻击者可能会成功地实现作弊。这类系统被称为满足威慑因子为 λ 的隐蔽安全模型。

还是以上面送信的例子为例，在这类模型中，假设已经有商业间谍潜伏在快递公司，因此要求每个快递员在寄送件过程中都需要有另一个快递员在场实时监督，这样即使有商业间谍企图作恶也有一定的概率被发现。

一般而言，隐蔽模型的安全性高于半诚实模型，且威慑因子越高，安全性越高。恶意模型的安全性高于隐蔽模型。

在现实应用中，隐蔽模型通常还会配合奖惩机制，比如所有参与方进行一些物质抵押，一旦被发现恶意行为，抵押物将被罚没。在区块链加密货币的实现方案中，我们可以看到较多此类模型的应用。

2.4.2 不诚实门限

根据敌手方占参与方总数的比例，安全性假设还可细分为诚实多数制（Honest Majority）安全和非诚实多数制（Dishonest Majority）安全。具体地，如果一个有 n 个参与方的系统能在最多有 t 个参与者做出包括合谋在内的不诚实行为的情况下，仍保证隐私数据不被泄露，则称该系统为可容忍（t, n）不诚实门限的系统。一般而言，在 n 相同的情况下，t 越大，隐私计算协议安全性越高。当 $t<n/2$ 时，协议被称为诚实多数制协议；当 $n/2 \leq t \leq n-1$ 时，协议被称为非诚实多数制协议。

举例来说，如果隐私计算协议是一个恶意模型下的诚实多数制安全协议，并且假设有 5 个计算参与方参与隐私计算，那么只要 5 个参与方中有 3 个或 3 个以上属于诚实参与方，整个计算过程就是安全的，不会产生数据泄露问题。而如果只有 2 个或者更少的参与方是诚实的，也就是 3 个或者 3 个以上的参与方可能合谋、破坏协议并作弊，那么就会有数据泄露的风险。

> **注意** 在应用隐私计算开发框架时，开发者首先应该了解该开发框架对应的安全性假设是否符合应用要求。

2.5 本章小结

本章介绍的 RSA 算法、不经意传输、布隆过滤器只是隐私计算技术中部分常用的基础方法，读者需要对这些技术有一定的了解。类似于很多加密算法都有一个安全假设，比如 RSA 算法的安全假设是大整数因素分解极其困难，隐私计算技术也有安全性假设，我们在实际应用时需要特别注意安全性假设是否符合实际应用要求。

第二篇

安全保护技术

在 1.3 节中我们已经说到隐私计算技术体系架构中有多项数据安全保护技术，比如混淆电路、秘密共享、同态加密、零知识证明等。这些技术属于基础技术，各有特点，本篇将逐一介绍这些技术的原理，并且详细介绍一个实现这些技术的开发框架。另外，本篇还会选取一个应用案例进行针对性的开发来实践隐私计算技术。

为了便于读者实践，我们选取的开发框架都是商业友好的开源框架。为了尽量避免因开发框架部署环境的不同而带来各种环境适配问题，我们统一使用 Docker 容器来运行程序，并统一提供 Docker 镜像的代码。因此，这也需要读者对 Docker 有一定的了解。当然，按现在 Docker 的流行度来讲，这应该不是问题。如果读者的确对 Docker 不够了解，我们建议借此机会学习一下 Docker 技术。

在介绍各项技术的过程中，本书并不会局限于单一编程语言，而是会涉及如 Python、C++、JavaScript 等多门编程语言。但是，这里较少涉及编程语言的特性，即使读者不熟悉这门语言，也建议读下去，编程语言的差异应该不会影响到对隐私计算技术的理解。

第 3 章 | *Chapter 3*

混淆电路技术的原理与实践

姚期智院士在提出"百万富翁"问题之后提出了自己的解决方案，即混淆电路（Garbled Circuit）。本章还是以"百万富翁"为例来介绍混淆电路的原理，然后介绍一款基于 C 语言实现混淆电路的开发框架 Obliv-C，并且基于 Obliv-C 解决"百万富翁"难题。

3.1 混淆电路的原理

对计算机实现原理有所了解的人应该知道可计算问题都可以转换为一个个电路，CPU 就是由加法电路、比较电路和乘法电路等组合而成的。即使是复杂的计算过程，如深度学习等，也是可以转换成电路的。一个电路由一个个逻辑门组成，比如与门、非门、或门、与非门等。每个逻辑门都有输入端和输出端。图 3-1 是几个常见的逻辑门。

图 3-1　常见的逻辑门

在经典的混淆电路中，加密和扰乱是以门为单位的。每个门都有一张真值表。表 3-1 是与门的真值表。

表 3-1　与门真值表

输入 a	输入 b	输出 c
0	0	0
0	1	0
1	0	0
1	1	1

不妨认为两个富翁 Alice 和 Bob 的财富是用二进制表示的一个整数。Alice 方的财富值用 a 来表示，$a=a_4 a_3 a_2 a_1 a_0=01101$；Bob 方的财富值用 b 来表示，$b=b_4 b_3 b_2 b_1 b_0=10100$。下面先以与门为例来说明混淆电路的工作原理，介绍如何使用混淆电路实现对 a 和 b 的与操作。

1）Alice 方首先对与门的每根输入线（输入线 a 和输入线 b）生成两个随机的标签来分别对应 0 和 1。其中，标签的比特位长度是 k，其取值是算法的安全参数，一般可以设为 128。

2）Alice 方将与门真值表中的 0 和 1 替换成对应的标签，如表 3-2 所示。

表 3-2　标签替换后的与门真值表

输入 a	输入 b	输出 c
x_0^a	x_0^b	x_0^c
x_0^a	x_1^b	x_0^c
x_1^a	x_0^b	x_0^c
x_1^a	x_1^b	x_1^c

3）Alice 方将真值表输入线上的标签作为加密密钥对真值表输出线标签，并使用对称加密算法进行加密，如表 3-3 所示。

表 3-3　标签加密替换后的与门真值表

输出 c
$\mathrm{Enc}_{x_0^a, x_0^b}(x_0^c)$
$\mathrm{Enc}_{x_0^a, x_1^b}(x_0^c)$
$\mathrm{Enc}_{x_1^a, x_0^b}(x_0^c)$
$\mathrm{Enc}_{x_1^a, x_1^b}(x_1^c)$

4）Alice 方将真值表上的行顺序打乱（见表 3-4），这样其他人就无法根据标签值知晓其对应真值表上的哪一行。

表 3-4　混淆后的与门真值表示例

输出 c
$Enc_{x_0^a, x_1^b}(x_0^c)$
$Enc_{x_1^a, x_0^b}(x_0^c)$
$Enc_{x_0^a, x_0^b}(x_0^c)$
$Enc_{x_1^a, x_1^b}(x_1^c)$

5）假设 $a=a_4\,a_3\,a_2\,a_1\,a_0=01101$，Alice 对 5 个比特位都生成混淆后的与门真值表，并将它们发送给 Bob。表 3-5 展示了针对第 0 位比特生成的经混淆后的与门真值表。Bob 方需要输入线上的标签值才能根据真值表计算，因此 Alice 方把值 a 每个比特位对应的标签发送给 Bob，即 Alice 方发送 $x_0^{a_4}$、$x_1^{a_3}$、$x_0^{a_1}$、$x_1^{a_0}$ 给 Bob。因为标签值是随机生成的，因此 Bob 方无法从中获取任何信息。

表 3-5　针对第 0 个比特位生成的混淆后的与门真值表

输出 c
$Enc_{x_0^{a_0}, x_1^{b_0}}(x_0^{c_0})$
$Enc_{x_1^{a_0}, x_0^{b_0}}(x_0^{c_0})$
$Enc_{x_0^{a_0}, x_0^{b_0}}(x_0^{c_0})$
$Enc_{x_1^{a_0}, x_1^{b_0}}(x_1^{c_0})$

6）真值表计算除了需要输入线上 a 的值，还需要输入线上 b 的值。但是，输入线 b 对应的标签都是由 Alice 方产生的，为此 Bob 需要从 Alice 处获取。假设 $b=b_4\,b_3\,b_2\,b_1\,b_0=10100$，对于第 0 个比特位 $b_0=0$，Bob 使用 2.2 节中描述的不经意传输协议，就可以从 Alice 处获取对应的标签 $x_0^{b_0}$。根据不经意传输协议，Bob 是无法获知 $x_1^{b_0}$ 值的，Alice 也无法知晓 Bob 究竟获取了哪个标签。Bob 对每个比特位需使用不经意传输协议获取对应的标签值 $x_1^{b_4}$、$x_0^{b_3}$、$x_1^{b_2}$、$x_0^{b_1}$、$x_0^{b_0}$。

7）对于获取到的标签值，Bob 通过遍历从 Alice 处获取的对应的混淆后的与门真值表（表 3-4）的每一行来尝试解密。比如针对第 0 位，对真值表中的每一行，Bob 尝试用 $x_1^{a_0}$、$x_0^{b_0}$ 去解密，直到解密成功。比如针对表 3-5，在计算第二行时就可以成功解密出 $x_0^{c_0}$，而在计算第一行时因为密钥不符，解密就会失败。对每一个比特位解密后，Bob

就可以获得 $x_0^{c_4}$、$x_0^{c_3}$、$x_1^{c_2}$、$x_0^{c_1}$、$x_0^{c_0}$。

8）Bob 将解密获得的 $x_0^{c_4}$、$x_0^{c_3}$、$x_1^{c_2}$、$x_0^{c_1}$、$x_0^{c_0}$ 发送给 Alice，Alice 就可以根据自己生成标签时的对应关系恢复出计算结果 00100，而这个结果正是 a 和 b 执行与操作的计算结果。

至此，Alice 和 Bob 在保护好各自数据的前提下完成了与操作。同理，我们可以实现异或、或等逻辑门的操作。如果你对计算机逻辑电路有基本了解，应该已经知道两个数的比较操作可以通过多个异或门和与门来实现。如果你对逻辑电路不是很了解也没有关系，把它作为基本结论记下来就可以了。图 3-3 是将图 3-2 中单比特比较的逻辑电路组合而成来实现 $x>y$ 比较操作的逻辑电路。由此可见，我们使用上面提到的混淆电路就可以解决"百万富翁"问题。

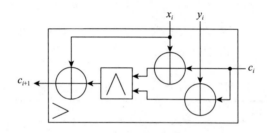

图 3-2　带进位输入的单比特的大于号比较逻辑电路

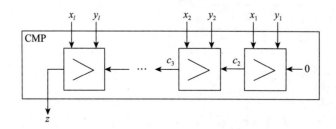

图 3-3　多比特的大于号比较逻辑电路

显然，上述混淆电路属于半诚实模型，电路本身还有很多优化空间，这里不进一步阐述了。读者可以思考一下优化方法。

3.2　开发框架 Obliv-C

Obliv-C 是美国弗吉尼亚大学安全研究小组的研究项目，简单实用。它是一款 GCC

包装器，该框架开发者在 C 语言基础上进行了一定的类 C 语言处理，添加了一些规则限制来实现混淆电路。Obliv-C 支持双方的半诚实安全模型，源码采用商业友好的 BSD 许可证，并公开在 GitHub 中（https://github.com/samee/obliv-c）。

3.2.1　通过 Docker 构建环境

为了方便读者快速使用，这里列出用于构建 Obliv-C 运行环境的 Docker 镜像代码供读者参考，如代码清单 3-1 所示。

代码清单3-1　用于构建Obliv-C运行环境的Docker镜像代码

```
FROM ubuntu:20.04
WORKDIR /root
RUN apt-get update && apt-get install -y \
  ocaml \
  libgcrypt20-dev \
  libgmp-dev \
  ocaml-findlib \
  opam \
  m4 \
  git \
  vim \
  gcc \
  make
RUN git clone https://github.com/samee/obliv-c
#如果访问GitHub速度慢，可以使用这个加速地址
#RUN git clone https://github.com.cnpmjs.org/samee/obliv-c
WORKDIR /root/obliv-c
RUN opam init -a --disable-sandboxing && \
  opam switch create 4.06.0 && \
  opam switch 4.06.0 && \
  eval `opam config env` && \
  opam install -y camlp4 ocamlfind batteries bignum ocamlbuild && \
  ./configure && make
#可以将宿主机中的代码挂载到容器的projects目录，使用容器进行编译和运行
VOLUME ["/root/projects"]
WORKDIR /root/projects
#为了后续测试方便，特此安装一些网络工具
RUN apt-get update && \
    apt-get install -y iputils-ping && \
    apt-get install -y telnet && \
    apt-get install -y net-tools && \
    apt-get install -y tcpdump
```

其实，不使用 Docker，直接在 Ubuntu 系统中安装也非常简单，只需安装相应的依赖、下载源代码并编译即可。Obliv-C 在 GitHub 的开源项目中有相关安装说明，读者可以根据代码清单 3-1 推断出安装步骤，这里不再赘述。

注意 在构建 Docker 镜像时如果访问 GitHub 速度慢或者网络连接不稳定，可以使用代理地址 https://github.com.cnpmjs.org。读者如果有能稳定连接 GitHub 的网络，还是建议使用 GitHub 官网地址。

然后使用如下命令编译 Docker 镜像：

```
docker build -t obliv-c
```

接下来介绍一下 Obliv-C 的编程语法和相关规则。

3.2.2 使用 obliv 修饰隐私输入数据

任何依赖隐私输入（指只有数据拥有方才知道其具体值，不对其他参与方公开。下面统一以"隐私输入数据"代指此类数据）的变量都应该使用 obliv 修饰符来声明。比如下面声明的函数中变量 a 依赖隐私输入数据，而变量 b 是各方都知晓的公开数据，返回结果也依赖隐私输入数据，需要使用 obliv 来修饰：

```
obliv bool compare (obliv int a, int b) {
  return a < b;
}
```

使用 obliv 修饰符修饰的相关规则如下。

规则 1：只有 C 语言中的基础类型可以使用 obliv 进行修饰，比如 int、char、float 等。注意，struct 和指针也是不被支持的，但是 struct 中包含 obliv 字段或者指针指向 obliv 变量是可以支持的。另外，函数也是可以用 obliv 修饰符修饰的，这部分会在下面进一步说明。

规则 2：任何由 obliv 变量和非 obliv 变量组合而成的表达式最终也被视为 obliv 变量。

规则 3：非 obliv 变量可以隐式地转换成 obliv 变量，但反过来只能是在各方同意调用 revealObliv 系列函数时才可以，如代码清单 3-2 所示。

代码清单3-2　revealOblivInt使用示例

```
int a = 50, b;
obliv int c;
c = a;                      // 可以，非obliv变量a可以隐式地转换成obliv变量b
b = c;                      // 不可以，obliv变量c不可以直接转换成非obliv变量
revealOblivInt (&b, c, 0); // 可以，使用revealObliv函数公开
```

使用 revealObliv 函数后，变量 b 就是一个普通的整型数，值与变量 c 的值相同。上面代码中 revealOblivInt 中的第三个参数用来指定公开变量的接收方，如果传入 0 则表示各参与方都会收到变量 c 的备份并赋值到变量 b；如果传入 1，那么只有 1 号参与方才能收到变量 c 的备份，而其他参与方只能收到一个默认值 0。这里的参与方编号是各参与方通过调用 setCurrentParty 函数进行设定的，比如代码清单 3-3 根据程序运行时传入的命令行参数将两个参与方分别设为 1 号和 2 号。

代码清单3-3　setCurrentParty使用示例

```
ProtocolDesc pd;
const char* remote_host = (strcmp(argv[2], "--")==0?NULL:argv[2]);
setCurrentParty(&pd,remote_host?2:1);   //设置自己的编号
```

顾名思义，revealOblivInt 是用于公开整型数的函数。根据需要公开的变量类型的不同，revealObliv 系列函数可分为 revealOblivBool、revealOblivChar、revealOblivShort、revealOblivLong、revealOblivLLong、revealOblivFloat、revealOblivBoolArray、revealOblivCharArray、revealOblivIntArray、revealOblivShortArray、revealOblivLongArray、revealOblivLLongArray。

3.2.3　提供隐私输入数据

那么，参与方如何提供输入数据呢？ Obliv-C 提供了一系列函数。以整型数为例，我们可以通过 feedOblivInt 函数将参与方本地的明文整型数转化成 obliv int：

```
obliv int feedOblivInt (int value, int p)    //value: 明文整型数, p: 参与方编号
```

feedOblivInt 被调用时只会加载本方数据，如果编号 p 与执行方编号不同，则该函数会被忽略。类似地，根据变量类型的不同，feedObliv 系列函数可分为 feedOblivBool、feedOblivChar、feedOblivShort、feedOblivLong、feedOblivLLong、feedOblivFloat、feedOblivBoolArray、feedOblivCharArray、feedOblivIntArray、feedOblivShortArray、feedOblivLongArray、feedOblivLLongArray。

3.2.4 计算过程中的流程控制

正如上面所述，只有在调用 revealObliv 系列函数后，才能揭示隐私输入数据具体值。任何在计算过程中出现的中间状态也都是对各参与方隐藏的，这样，类似 while、for 等循环流程控制就会无法使用 obliv 变量。

> 🎯 **提示** 因为每一个参与方都要执行 Obliv-C 编制的混淆电路的协议，各参与方都知道循环执行所花的时间以及循环中迭代执行的次数，所以如果框架允许在循环流程控制中使用 obliv 变量，就会导致数据泄露。在其他一些隐私计算框架中，这个限制往往也存在。

规则 4：Obliv-C 不支持任何 obliv 变量被用到类似 for、while 等循环流程控制语句中。

但是，例外的是 Obliv-C 支持 obliv if，其语法结构与普通的 if 语句非常类似，如代码清单 3-4 所示。

代码清单3-4　obliv if语法结构

```
obliv if (…) {
  …
} else obliv if (…) {
  …
} else {
  …
}
```

这里的 if 条件判断中允许使用 obliv 变量。然而，需要特别注意的是，在执行的时候任何一个参与方都无法获知其条件判断语句是 true 还是 false。不论其条件是否为 true，Obliv-C 都会执行相应的代码块。比如下面这段代码：

```
obliv int x, y;
…
obliv if (x < 0) y=10;
```

这里不论 x 是正数还是负数，Obliv-C 都会执行一段代码，同时确保任何参与方都无法知晓 y 的值是否发生了变化。如果 x 为负数，y 将被修改为 10。如果 x 不为负数，y 值不变。y 是 obliv 变量，任何一个参与方都不会知晓其具体的值。

区别于普通的 if 语句，obliv if 有一些特殊的限制。

规则 5：不能对在 obliv if 语句块声明之外的非 obliv 变量进行赋值（因为这可能导致信息通过非 obliv 变量泄露出去），但是对在其声明之内的非 obliv 变量进行赋值是合法的。

非 obliv 变量在 obliv if 语句块中的赋值示例如代码清单 3-5 所示。

代码清单3-5　非obliv变量在obliv if语句块中的赋值示例

```
obliv int x;
int y = 10;
obliv if (x > 0) y = 20;  //非法，y不是obliv变量，不能在obliv if语句块中被赋值
obliv if (x > 0) {
  //合法，非obliv变量i在obliv if语句块中被声明
  for (int i=0; i<10; i++) {…}
}
```

规则 6：不能在 obliv if 语句块中执行普通的函数（防止普通函数执行时泄露信息），只能执行 obliv 函数。

上面提到 Obliv-C 不支持任何 obliv 变量被用到类似 for、while 等循环流程控制语句中。但是，Obliv-C 支持在循环体内执行 obliv if 语句，因此，假设有 obliv 变量 n，下面的循环语句：

```
for (i = 0; i < n; i++) {…}
```

可以改写成如下的形式：

```
for (i = 0; i < MAX_BOUND; i++) {
  obliv if (i < n) {…}
}
```

显然，通过上面的改写，for 循环会固定迭代 MAX_BOUND 次，不会泄露 obliv 变量 n 的信息。

3.2.5　obliv 函数

obliv 函数声明方式如下：

```
void func() obliv {…}
```

规则 7：非 obliv 函数不能在 obliv if 或者 obliv 函数体内被调用。

规则 8：obliv 函数内部不能对在其之外声明的非 obliv 变量进行赋值、修改。

另外，对于函数引用传参，我们也需要注意。比如下面 func 函数被调用时，p1 指针的指向是有限制的（p2 是常量指针，不用担心其泄露数据，所以可以引用外部变量），p1 指针只能指向 obliv if 语句块内声明的变量，如代码清单 3-6 所示。

代码清单3-6　函数引用传参时指针指向限制示例

```
void func (int* p1, const int* p2) obliv {…}
int x, y;
obliv int a;
//非法，p1指针指向了外部声明变量x
obliv if (a < 0) { func(&x, &y); }
//合法，p1指针指向了obliv if内部声明变量i
obliv if (a < 0) { int i; func(&i, &y); }
```

3.2.6　对数组的访问

规则 9：obliv 变量不能被用于数组索引（Obliv-C 开发者认为虽然可以实现，但性能太差）、指针偏移量或者表示数字移位运算的移位次数中。需要注意的是，普通整型数是可以被用在 obliv 数组索引中的。

那么，如果需要根据 obliv 变量对数组进行访问，该如何处理呢？Obliv-C 开发者也给出了解决方法，如代码清单 3-7 所示。

代码清单3-7　根据obliv变量对数组进行访问的示例

```
void writeArray (obliv int* arr, int size, obliv int index,
    obliv int value) obliv {
  for (int i = 0; i < size; ++i) {
    obliv if (i == index) {
      arr[i] = value;
    }
  }
}
```

显然，根据 obliv 变量对数组进行访问的时间复杂度不再是 $O(1)$，而是 $O(n)$。

3.2.7　关键词 frozen

Obliv-C 引入的关键词 frozen 对变量进行修饰，其含义与 const 含义类似。其引入原因主要是考虑到 struct 类型在某些场景下需要使用深度常类型（deep-const），比如代码清单 3-8 所示的场景，frozen 关键词的作用被递归应用到了变量 b 内的所有指针，从

而保证变量 b 的内部指针 p 不会被赋值。

代码清单3-8　关键词frozen使用示例

```
struct S { int x, *p; };
void func (const struct S* a, frozen struct S* b) {
  a->x = 5;          //非法
  b->x = 5;          //非法
  *a->p = 5;         //合法, a->p的类型是int *const, 而不是const int*
  *b->p = 5;         //非法, frozen递归应用到struct、union内的所有指针
}
```

对于 struct、union 以及指向指针的指针等，关键词 const 和 frozen 存在差异，比如 int **frozen 与 const int *const *const 相同，而与 const int** 或者 int **const 不同。

规则 10：通常情况下，任何非 obliv 变量在进入 obliv 作用域（obliv-if 或者 obliv 函数）时，都可以视作被 frozen 修饰符修饰。

这个规则也比较好理解，因为如果 obliv 作用域的非 obliv 变量不是被视作被 frozen 修饰，信息就有可能通过给非 obliv 变量赋值的方式泄露出去。

规则 11：对于任何类型 T，frozen 指针 T *frozen 的解引用获得的是一个 T frozen 类型的左值。

规则 12：对于 obliv 数据，frozen 修饰符会被忽略。

3.2.8　高级功能：无条件代码段

无条件代码段是指在 obliv 条件代码段中拆分出一块代码段进行无条件执行，它是 Obliv-C 与 C 区别最大之处，如代码清单 3-9 所示。

代码清单3-9　无条件代码段的示例

```
int x = 10;
obliv int y;
obliv if (y > 0) {
  x = 15;            //非法, 不能在obliv作用域修改非obliv变量x
  ~obliv (c){        //开启无条件代码段
    x = 15;          //合法, c即使为false, 赋值仍然会发生
  }
}
```

规则 13：无条件代码段的执行不依赖任何 obliv 变量值，frozen 变量的限制在无条

件代码段中不再生效。

但是，这里需要注意，在上面第 3 行代码中，即使 y 不是正数，无条件代码段仍然会被执行。一般情况，~obliv (varname) 语法中也声明了一个 obliv 布尔变量 varname。该变量 varname 可被用在无条件代码段内部的 obliv if 条件判断上。示例如代码清单 3-10 所示。

代码清单3-10　无条件代码段中声明的obliv布尔变量的使用示例

```
void swapInt(obliv int* a,obliv int* b) obliv {
  ~obliv(en) {
    obliv int t = 0;
    obliv if(en) t=*a^*b;
    *a^=t;
    *b^=t;
  }
}
```

3.2.9　Obliv-C 项目的文件结构

在基本了解 Obliv-C 的语法后，我们以求向量内积的案例为例，进一步了解使用 Obliv-C 进行编程时的项目基本结构。读者在刚开始接触 Obliv-C 项目时，建议通过 src/ext/oblivc 目录下的 obliv.oh、obliv.h 文件来了解 Obliv-C 提供的接口，然后通过进一步阅读 test/oblivc 目录下的几个测试案例熟悉接口的使用方法。

实现求向量内积共需 4 个文件，即 innerProd.c、innerProd.h、innerProd.oc、Makefile。接下来，我们来看一下每个文件的作用。

1. innerProd.h 文件

编程规则与 C 语言完全相同，本文件中的程序用于声明函数、混淆电路相关结构体（protocolIO）以及参与混淆计算的全部参数（包括各方的隐私输入以及最后的共享结果）。特别地，各方的隐私输入可以定义为同一变量，也可以定义为不同变量。对应的代码如代码清单 3-11 所示。

代码清单3-11　求向量内积的innerProd.h文件脚本

```
#pragma once
#include<obliv.h>
void dotProd(void *args); //混淆计算函数的声明，具体的函数定义见innerProd.oc
```

```
typedef struct vector{
  int size;
  int* arr;
} vector;
typedef struct protocolIO{
  vector input;
  int result;
} protocolIO;                 //包含了混淆电路输入和输出的相关结构体
```

> 📷 **注意**　对于 protocolIO 结构体，其中的变量不能使用指针，需要用数组，否则编译可能不会报错，但最终运行结果错误。

2. innerProd.c 文件

编程规则与 C 语言完全相同，本文件中的程序用于获取命令行参数、设置混淆电路环境、输出混淆计算结果等。其主要执行顺序如下。

1）获取并校验命令行参数。

2）与另一个参与方进行网络连接，如代码清单 3-12 所示。

代码清单3-12　innerProd.c文件中进行网络连接的代码段

```
ProtocolDesc pd;           //混淆电路的相关函数都需要使用这个变量
protocolIO io;
const char* remote_host = (strcmp(argv[2], "--")==0?NULL:argv[2]);
if(!remote_host){          //两个参与方进行网络连接
  if(protocolAcceptTcp2P(&pd, argv[1])){
    fprintf(stderr, "TCP accept failed\n");
    exit(1);
  }
} else{
  if(protocolConnectTcp2P(&pd,remote_host,argv[1])!=0){
    fprintf(stderr,"TCP connect failed\n");
    exit(1);
  }
}
```

> 🎯 **提示**　protocolAcceptTcp2P 和 protocolConnectTcp2P 是 Obliv-C 提供的为两个隐私计算参与方建立连接的接口。

3）设置自己的编号。

```
int currentParty = remote_host?2:1;
setCurrentParty(&pd, currentParty);                //两个参与方分别设置自己的编号
```

4）从文件中读取向量内容，如代码清单 3-13 所示。

代码清单3-13　innerProd.c文件中读取向量内容的代码段

```
vector v;
FILE* file = fopen(argv[3], "r");
if(fscanf(file, "%d\n", &(v.size)) == EOF){        //从文件中读取向量大小
  fprintf(stderr, "Invalid input file\n");
  return 2;
}
v.arr = malloc(sizeof(int) * v.size);
for(int i=0; i<v.size; i++){                       //从文件中读取向量值
  if(fscanf(file, "%d\n", &(v.arr[i])) == EOF){
    return 2;
  }
}
```

5）执行混淆电路。

```
io.input = v;
execYaoProtocol(&pd, dotProd, &io);               //执行混淆电路代码
```

6）输出计算结果。

```
int result = io.result;
fprintf(stderr, "DotProduct is %d\n", result);    //输出计算结果
```

7）清理。

```
cleanupProtocol(&pd);                             //固定用法，清理ProtocolDesc pd
```

3. innerProd.oc 文件

编程规则与 C 语言类似，本文件中的程序用于定义混淆计算函数（即本例中的 dotProd 函数），相关语法在前面几节已有描述。对应的代码如代码清单 3-14 所示。

代码清单3-14　求向量内积的innerProd.oc文件脚本

```
#include<obliv.oh>
#include"innerProd.h"
void dotProd(void *args){
  protocolIO *io = args;                           //获取混淆计算参数对应结构体
  int v1Size = ocBroadcastInt(io->input.size, 1);
```

```
    int v2Size = ocBroadcastInt(io->input.size, 2);
    obliv int* v1 = malloc(sizeof(obliv int) * v1Size);
    obliv int* v2 = malloc(sizeof(obliv int) * v2Size);
    //获取参与计算的向量，最后一个参数为提供数据的参与方编号
    feedOblivIntArray(v1, io->input.arr, v1Size, 1);
    feedOblivIntArray(v2, io->input.arr, v2Size, 2);
    int vMinSize = v1Size<v2Size?v1Size:v2Size;    //如果两方向量长度不同，以小的为准
    obliv int sum = 0;
    for(int i=0; i<vMinSize; i++){
      sum += v1[i]*v2[i];
    }
    revealOblivInt(&(io->result), sum, 0);          //揭示计算结果
  }
```

> 💿 **提示** 在上面的代码中，ocBroadcastInt 函数用于将非 obliv 数据传给其他参与方。类似的还有 ocBroadcastFloat 等函数。

4. Makefile 文件

本文件中的程序用于编译。Makefile 文件中的编译程序只需在对应的文件目录下打开命令行终端，输入 make 后按回车键即可执行。编译成功后产生一个 a.out 可执行程序文件。对应的代码如代码清单 3-15 所示。

代码清单3-15　求向量内积的Makefile文件脚本

```
privacyProgram=innerProd
CILPATH=/root/obliv-c
REMOTE_HOST=localhost
CFLAGS=-DREMOTE_HOST=$(REMOTE_HOST) -O3
./a.out: $(privacyProgram).oc $(privacyProgram).c
  $(CILPATH)/_build/libobliv.a
  $(CILPATH)/bin/oblivcc
  $(CFLAGS) $(privacyProgram).oc $(privacyProgram).c -lm
clean:
  rm -f a.out
clean-all:
  rm -f *.cil.c *.i *.o
```

至此，相信读者应该对 Obliv-C 项目的文件结构有了基本的了解，接下来就可以尝试一个小的应用案例了。

3.3 应用案例：解决"百万富翁"难题

3.3.1 具体代码实现

首先在 C:\ppct\obliv-c\ 目录下创建 3 个文件：million.h、million.c、million.oc。

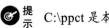 C:\ppct 是本书项目代码放置的目录，读者在实践时可根据实际系统修改。

在 million.h 文件中，我们需要定义隐私输入（即两个富翁的财富值）、输出（即两个富翁中谁更富有）以及隐私计算函数 millionaire，具体如代码清单 3-16 所示。

代码清单3-16　million.h中的代码

```
typedef struct protocolIO {
    int cmp;          //隐私计算输出, -1: Alice小于Bob, 0: Alice等于Bob, 1: Alice大于Bob
    int mywealth;                              //隐私计算输入
} protocolIO;
void millionaire(void* args);                  //隐私计算函数
```

然后在 million.oc 文件中编写具体的隐私计算函数 millionaire，具体如代码清单 3-17 所示。

代码清单3-17　million.oc中的代码

```
#include<obliv.oh>
#include"million.h"
void millionaire(void* args) {
    protocolIO *io=args;
    obliv int aliceWealth,bobWealth;
    aliceWealth = feedOblivInt(io->mywealth,1);        //获取隐私输入
    bobWealth = feedOblivInt(io->mywealth,2);
    bool eq,lt;
    revealOblivBool(&eq, aliceWealth == bobWealth, 0); //首先比较两人是否同样富有
    revealOblivBool(&lt, aliceWealth < bobWealth, 0);  //然后比较是否Bob更富有
    io->cmp = (!eq? lt?-1:1 : 0);                      //最后输出比较结果
}
```

接下来在 million.c 文件中进入主函数进行编写，其主要流程为在参与方之间建立网络连接、设置自己的参与方编号、输入自己的财富值、执行混淆电路代码进行财富值比较、输出结果并清理，具体如代码清单 3-18 所示。

代码清单3-18　million.c中的代码

```
#include<stdio.h>
#include<obliv.h>
#include"million.h"
int main(int argc,char *argv[]) {
  ProtocolDesc pd;
  protocolIO io;
  const char* remote_host = (strcmp(argv[2], "--")==0?NULL:argv[2]);
  if(!remote_host){
    if(protocolAcceptTcp2P(&pd, argv[1])){             //Alice等待Bob连接
      fprintf(stderr, "TCP accept failed\n");
      exit(1);
    }
  }
  else{
    if(protocolConnectTcp2P(&pd,remote_host,argv[1])!=0){ //Bob主动连接Alice
      fprintf(stderr,"TCP connect failed\n");
      exit(1);
    }
  }
  setCurrentParty(&pd, remote_host?2:1);   //设置参与方编号，Alice是1，Bob是2
  sscanf(argv[3],"%d",&io.mywealth);       //这里省略输入合法性检验
  execYaoProtocol(&pd,millionaire,&io);    //执行百万富翁财富值比较
  cleanupProtocol(&pd);
  fprintf(stderr,"Result: %d\n",io.cmp);
  return 0;
}
```

最后创建 Makefile 文件，修改一下 3.2.8 节提到的 Makefile 文件，将其中的 privacy Program 值修改为 million。

利用上面的 Docker 镜像，通过以下命令运行 Alice 方实例：

```
docker network create obliv-c-net
docker run -it --rm --name Alice --network obliv-c-net `
  -v C:\ppct\obliv-c:/root/projects obliv-c
make
```

> 提示　上面的代码中因 docker run 运行的参数较多，为方便阅读，使用"`"进行换行处理。这是 Windows 的 PowerShell 环境下将命令拆分成多行的特殊字符。在 Windows 的 CMD 环境下，我们则需要改用"^"字符，在 Linux 环境则需要改用"\"字符。
>
> 另外，为了方便 Alice 和 Bob 方的两个容器直接使用机器名进行网络通信，特意

创建了 obliv-c-net 网络来通信。在实际应用中，两个参与方一般位于不同的机器，可直接基于 IP 或者域名进行通信，不需要创建 obliv-c-net 网络。

编译成功，我们即可看到同目录下生成隐私计算执行文件 a.out。使用如下命令运行 Bob 方实例：

```
docker run -it --rm --name Bob --network obliv-c-net `
  -v C:\ppct\obliv-c:/root/projects obliv-c
```

进入 Alice 方容器执行以下命令，其中，"1234"代表端口号，"--"代表服务方等待对方连接，"8"代表 Alice 的财富值：

```
./a.out 1234 -- 8
```

进入 Bob 方容器执行以下命令，其中，"1234"代表端口号，"Alice"代表需要连接的对方服务地址，"15"代表 Bob 的财富值：

```
./a.out 1234 Alice 15
```

最后，双方都输出执行结果 –1，即 Alice 财富值小于 Bob。

3.3.2　网络抓包及分析

从混淆电路原理可以了解到，相比明文计算，使用混淆电路计算的网络通信次数及通信量会大大增加。这里通过对上面解决"百万富翁"难题的程序进行网络抓包及分析，希望读者对密文计算和明文计算的差异有一个大概的了解。

首先是密文计算下通过 tcpdump 工具进行网络抓包。进入 Bob 方容器执行以下命令进行抓包：

```
tcpdump -XX -vvv tcp port 1234 and host Alice and Bob -w garbled.cap
```

如图 3-4 所示，结果显示共抓取到 75 个报文，输出的 garbled.cap 文件大小为 62 562 字节。

然后在明文计算下执行同样的操作。那么，如何进行明文计算呢？ Obliv-C 提供 execDebugProtocol 接口来替代 execYaoProtocol 接口。该接口可直接进行明文计算，没有采用混淆电路。因此，在上面的 million.c 文件中直接进行替代，然后重新编译即可。通过以下命令把抓取到的报文输出到 plaintxt.cap 文件。

```
tcpdump -XX -vvv tcp port 1234 and host Alice and Bob -w plaintxt.cap
```

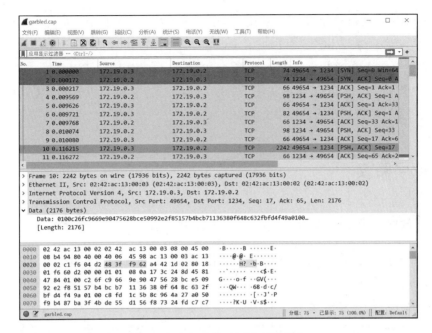

图 3-4　密文计算下抓取到的报文

如图 3-5 所示，结果显示共抓取到 11 个报文，输出的 plaintxt.cap 文件大小为 990 字节。

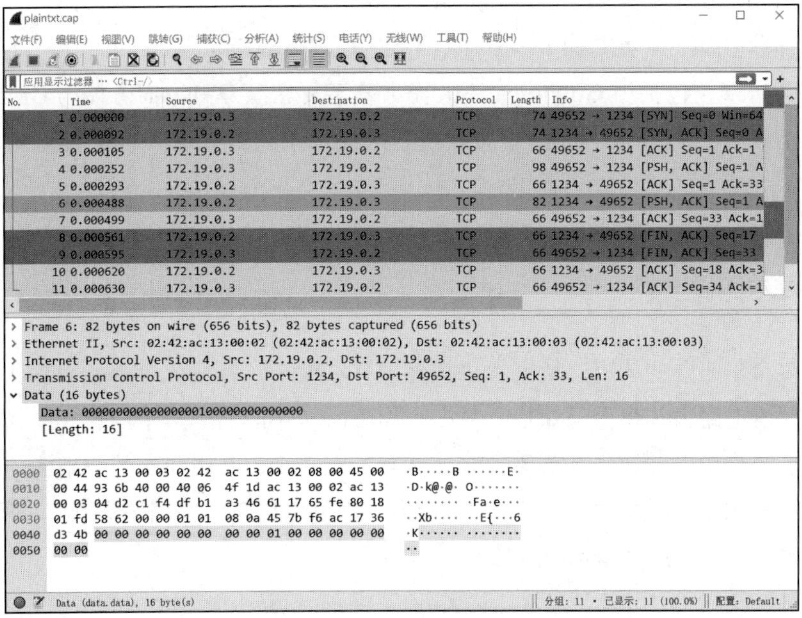

图 3-5　明文计算下抓取到的报文

考虑到"百万富翁"问题只涉及比较运算，相对简单，我们对上面提到的求向量内积案例（主要涉及乘法和加法）也进行了抓包。在使用 execYaoProtocol 时，共抓取到 361 个报文，tcpdump 输出文件大小为 652 378 字节；在使用 execDebugProtocol 时，共抓取到 12 个报文，tcpdump 输出文件大小为 1584 字节。由此可见，混淆电路相比明文计算的网络通信次数以及通信量都会大大增加。

3.4 扩展阅读

3.4.1 姚氏布尔电路优化

姚氏布尔电路主要是将任意功能函数转化为布尔混淆电路，由 Alice 方生成混淆电路表、Bob 方计算混淆电路；针对每一个电路门进行对称加密运算，调用 OT 协议进行混淆电路中密钥信息的交换。早期的安全函数计算问题主要是采用混淆电路来解决的。但由于混淆电路对每一比特位进行电路门计算，电路门数量巨大，计算效率较低，例如计算 AES 加密大约需要 30 000 个电路门，计算 50 个字符串的编辑距离大约需要 250 000 个电路门。混淆电路作为通用的多方安全计算工具，可以用来执行任意的功能函数，但相对于特定问题的安全协议计算效率较低。针对这些问题，研究者提出了一系列电路优化策略，包括 Free-XOR、行约减、Half-Gate 技术。此外，还提出了新的混淆电路协议，包括由 Goldreich 等人提出基于秘密共享和 OT 协议的 GMW 编译器以及基于剪切 – 选择技术、适用于恶意模型的混淆电路等。有兴趣的读者可以进一步了解。

3.4.2 算术电路

除了对布尔电路的研究，研究者也提出了算术电路，以完成有限域上加法或乘法运算。一个算术电路由很多个门组成，其中有加法门、乘法门。每个门有几个输入引脚和输出引脚。每个门做一次加法运算或乘法运算。图 3-6 是使用加法门和乘法门进行计算的算术电路示例。平时跑的代码（没有死循环）都可以用算术电路来表示。在第 6 章中，读者还将看到算术电路的身影。

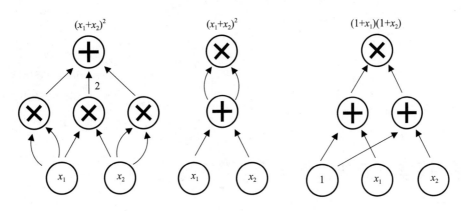

图 3-6　算术电路示例

3.5　本章小结

基于混淆电路的多方安全计算的优势在于固定的交互次数，即两方的交互次数与数据大小、计算量无关，这一点根据混淆电路的原理就可以看出来。其局限性在于复杂的运算和大的通信开销。

通过求向量内积和"百万富翁"案例可以看到，Obliv-C 框架对隐私计算混淆电路的计算协议进行了很好的抽象，可以在 C 语言的基础上比较方便地实现两方隐私计算而不需要关心混淆电路的底层实现逻辑。开发人员只需要对框架语法和规则稍加了解，就可以进行应用开发了。但是，目前 Obliv-C 框架还是侧重于两方参与的隐私计算，而隐私计算场景有时涉及多方参与，这时如果使用 Obliv-C 框架实现的话就会存在困难。另外，Obliv-C 主要支持的是半诚实安全模型，我们在实际使用时也需要注意其适用场景。

Chapter 4 第 4 章

秘密共享技术的原理与实践

秘密共享技术发明时间较早，并且是最早在商业环境中应用的多方安全计算技术之一，是隐私计算技术中相对成熟的技术。本章将阐述秘密共享的技术原理，然后介绍一款基于 JavaScript 语言实现的秘密共享技术开发框架 JIFF。为了熟悉 JIFF 框架，本章实现两个用户求向量内积的程序，并进行了性能优化。

4.1　秘密共享的概念

Adi Shamir 和 George Blakley 在 1979 年分别提出秘密共享算法。它是指将一个秘密分发给一组参与方，每个参与方只获取这个秘密的一部分，这样一个或少数几个参与方无法还原出原始数据（秘密），只有满足一定数量的参与方把各自的数据凑在一起，才能还原出真实数据。计算时，各参与方直接用它自己的本地数据进行计算，并且在适当的时候交换一些数据（交换的数据本身看起来也是随机的，不包含原始数据信息）。计算结束后，结果仍以秘密共享的方式分散在各参与方那里，并在使用方最终需要结果时将某些数据合起来。通过这种方式，秘密共享技术保证了计算过程中各个参与方看到的都是一些随机数，但最后仍然得到了想要的结果。图 4-1 是秘密共享的示意图。

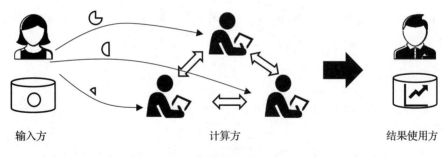

输入方　　　　　　　　　　计算方　　　　　　　　　结果使用方

图 4-1　秘密共享示意图

4.2　Shamir 门限秘密共享方案

Shamir 的解决方案被称作 Shamir 门限秘密共享方案或 Shamir 门限方案。Shamir 门限方案有两个参数 n 和 t，因此也写作 (t, n)-门限方案。n 表示秘密分割参与者的数量；t 即门限值，表示至少几个参与者聚到一起才可以恢复秘密信息。

4.2.1　Shamir 门限秘密共享方案流程

门限秘密共享方案工作流程如下。

1）将秘密信息 s 拆分成 n 份，每个参与方获得一份，每一份被称作一个 Share。每个参与者秘密地保存好自己的 Share。

2）拆分时，预先设定至少 t（$t \leqslant n$）个参与者聚到一起才可以恢复 s。

3）需要恢复 s 时，且至少有 t 个参与者聚到一起，他们拿出各自的 Share，通过计算恢复出 s；而少于 t 个参与者聚到一起是无法恢复 s 的。

4.2.2　Shamir 门限秘密共享方案原理

Shamir 门限秘密共享方案的实现原理是对于任意一个 $t-1$ 次多项式函数，只需要获取其多项式曲线上的 t 个点就可以通过多项式插值（比如拉格朗日插值法）确定该多项式函数。而 Blakley 的解决方案基本思想是利用多维空间中的点：将共享的秘密看成 t 维空间中的一个点，每个子秘密为包含这个点的 $t-1$ 维超平面的方程，构造 n 个这样的平面分发给 n 个参与方，任意 t 个 $t-1$ 维超平面的交点刚好确定共享的秘密，而 $t-1$ 个子秘密，即 $t-1$ 个 $t-1$ 维超平面仅能确定其交线，得不到共享秘密的任何信息。

针对下面这个多项式函数，我们具体介绍一下秘密分发的过程。

$f(x)=a_{t-1} x^{t-1} +a_{t-2} x^{t-2}+a_1 x+a_0 \bmod(p)$，$p$ 是一个大素数，其中 $f(0)=a_0=s$（s 是需要保护的秘密），且 $s<p$。

具体过程如下。

1）秘密拥有者秘密随机生成 $t-2$ 个小于 p 的随机数 $a_1, a_2, \cdots, a_{t-1}$，并随机选取 n 个互不相同的整数 $x_1, x_2, \cdots, x_n$。

2）将 n 个整数代入多项式函数，计算得到 n 个值 $s_1=f(x_1), s_2=f(x_2), \cdots, s_n=f(x_n)$。

3）将计算得到的 n 个值分别分发给 n 个参与方，即第 i 个参与方获得 (x_i, s_i)（作为该参与方需要严格保守的秘密）。

4）销毁 $f(x)$。根据多项式函数的性质，少于 t 个参与方都无法恢复出这个多项式函数。接下来以 $(3, 4)$-门限实例来说明 t 个参与方如何恢复秘密，这里假设秘密 $s=2$，$p=23$，构造的 $f(x)$ 如下：

$$f(x)=2x^2+3x+2 \bmod(23)$$

根据函数可知，这里 t 的取值为 3，另取 $x_1=1$，$x_2=2$，$x_3=3$，$x_4=4$，代入函数得 $f(1)=7$，$f(2)=16$，$f(3)=6$，$f(4)=0$。随机选取其中 3 组数据 $(1, 7)$、$(3, 6)$、$(4, 0)$，并使用拉格朗日插值公式进行恢复：

$$s = 7 \times \frac{(0-3)\times(0-4)}{(1-3)\times(1-4)} + 6 \times \frac{(0-1)\times(0-4)}{(3-1)\times(3-4)} + 0 \times \frac{(0-1)\times(0-3)}{(4-1)\times(4-3)} \bmod(23) = 2$$

经过上述计算，成功恢复出秘密 s 为 2。

当然，如果仔细思考上述秘密分发过程，就会发现其存在诸多风险。如果将该服务中的角色分为 Dealer 和众多的 Player，Dealer 负责秘密的分发和恢复，而 Player 作为秘密分片的持有人。以 $(2, 3)$-门限为例，可能存在的风险如下。

❑ Dealer 作恶，比如给 Player1 和 Player2 的分片是正常的，而给 Player3 的分片是错误的，这样发送给 3 个 Player 的秘密分片并不能恢复出一致的秘密。

❑ Player 作恶，在恢复阶段发送的分片是错误的，这样恢复的秘密也是错误的。

这意味着 Shamir 门限秘密共享方案不够安全。因此，Chor、Goldwasser、Micali、Awerbuch 提出了可验证密钥分享（Verifiable Secret Sharing，VSS），并给出了一个基于大数分解难题的常数轮交互方案。后来，研究者又提出优化的非交互式可验证秘密共享方案，比如目前应用比较广泛的 Feldman-VSS 和 Pedersen-VSS 门限方案。

4.3 通过秘密共享实现隐私计算的原理

那么，如何利用秘密共享进行隐私计算呢？这里先以 (2, 2)– 门限的加法为例，假设 Alice 和 Bob 为输入方，Alice 拥有隐私输入 a，Bob 拥有隐私输入 b，Uzer 为结果使用方，设计两个计算方 CP1 和 CP2，如图 4-2 所示。计算过程如下（实际过程比较复杂，以下描述主要用于辅助理解其基本思想）。

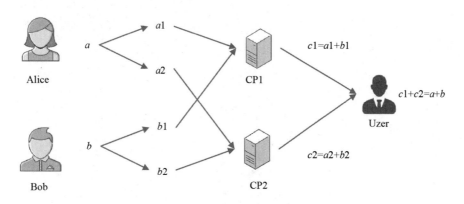

图 4-2 秘密共享的加法示例

1）Alice 方将隐私输入 a 随机拆分成 $a1$ 和 $a2$，并且使得 $a=a1+a2$，然后将 $a1$ 发送给 CP1，将 $a2$ 发送给 CP2。

2）Bob 将隐私输入 b 随机拆分成 $b1$ 和 $b2$，并且使得 $b=b1+b2$，然后将 $b1$ 发送给 CP1，将 $b2$ 发送给 CP2。

3）CP1 计算 $a1+b1=c1$，并将 $c1$ 发送给 Uzer。

4）CP2 计算 $a2+b2=c2$，并将 $c2$ 发送给 Uzer。

5）Uzer 计算 $c1+c2$ 就可以获得 $a+b$ 两数之和（易知 $c1+c2=a1+b1+a2+b2=a+b$），并且计算过程中计算方无法获知隐私输入以及隐私输出的具体值，数据输出方也无法获知隐私输出的具体值。

再以乘法为例，假设 Alice 和 Bob 为输入方，Alice 拥有隐私输入 a，Bob 拥有隐私输入 b，Uzer 为结果使用方，设计 4 个计算方 CP1、CP2、CP3 和 CP4，如图 4-3 所示。计算过程如下。

1）Alice 将隐私输入 a 随机拆分成 $a1$ 和 $a2$，并且使得 $a=a1+a2$，然后将 $a1$ 发送给 CP1 和 CP3，将 $a2$ 发送给 CP2 和 CP4。

2）Bob 将隐私输入 b 随机拆分成 $b1$ 和 $b2$，并且使得 $b=b1+b2$，然后将 $b1$ 发送给 CP1 和 CP4，将 $b2$ 发送给 CP2 和 CP3。

3）CP1 计算 $a1 \times b1=c1$，并将 $c1$ 发送给 CP1。

4）CP2 计算 $a2 \times b2=c2$，并将 $c1+c2$ 发送给 Uzer。

5）CP3 计算 $a1 \times b2=c3$，并将 $c3$ 发送给 CP4。

6）CP4 计算 $a2 \times b1=c4$，并将 $c3+c4$ 发送给 Uzer。

7）Uzer 计算 $c1+c2+c3+c4$ 就可以获得 a 和 b 之积（易知 $c1+c2+c3+c4=a1 \times b1+a2 \times b2+a1 \times b2+a2 \times b1=(a1+a2) \times (b1+b2)=a \times b$），并且计算过程中计算方无法获知隐私输入以及隐私输出的具体值，数据输出方也无法获知隐私输出的具体值。

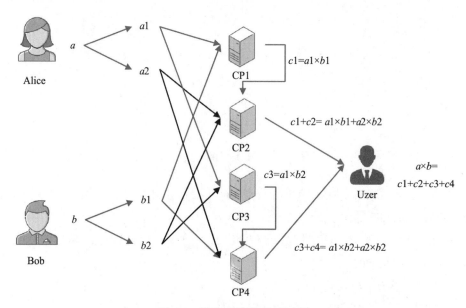

图 4-3　秘密共享的乘法示例

在理论层面，很多密码学家用非常有限的运算操作定义 MPC 协议，涉及的运算操作包含模整数加法和乘法、逐比特的与运算和异或运算。这两类运算操作都是图灵完备的，任何函数都可以用这两种运算操作表示。举例来讲，学习过计算机组成原理的读者可知定点数除法可以通过加减交替法来实现。在实际中，只有加法和乘法，或者只有逐比特的与运算和异或运算是不够的，我们还需要除法、比较等运算操作以及在此之上建立的基础函数库，以提高函数表达的效率。一些实用的隐私计算框架（比如 JIFF 框架）

都支持实现除法等常用的运算操作。

4.4　开发框架 JIFF

JIFF 是波士顿大学的研究者开发的通用型隐私计算开源框架，是一个 JavaScript 库，可以运行在浏览器中或者通过 Node.js 运行在服务器端。相关代码采用商业友好的 MIT 许可证在 GitHub 上开源（https://github.com/multiparty/jiff）。JIFF 的安全模型基于半诚实安全假设。JIFF 让开发者在不熟悉隐私计算底层算法的前提下也能实现应用，这里对 JIFF 进行介绍。

4.4.1　通过 Docker 构建环境

JIFF 在服务器端运行的前提是服务器端安装有 Node.js 以及 npm（Node.js 和 npm 的具体安装步骤这里不做介绍，读者可自行查阅官网）。

1）克隆项目代码：

```
git clone https://github.com/multiparty/jiff.git
```

2）进入项目目录并安装相关依赖：

```
npm install
```

项目目录如下：

```
├── demos/            演示性的案例
├── docs/             JSDoc配置以及生产的文档
├── lib/              客户端以及服务器端的类库
│   ├── client/       客户端类库实现
│   ├── server/       服务器端类库实现
│   ├── ext/          一些扩展功能（比如支持负数）
│   ├── common/       针对客户端以及服务器端代码的一些辅助方法
│   ├── jiff-client.js 客户端类库的主要模块，在项目中可引用此文件或使用dist目录下生成的文件
│   └── jiff-server.js 服务器端类库的主要模块，在服务器端可引用此文件
├── test/             框架、演示以及扩展的测试用例
├── tutorial/         学习JIFF框架的互动式教程
```

为了方便读者快速使用，这里列出用于构建 JIFF 运行环境的 Docker 镜像的代码，如代码清单 4-1 所示。

代码清单4-1 用于构建JIFF运行环境的Docker镜像的代码

```
FROM node:12
WORKDIR /root
#如果访问GitHub速度慢，可以使用以下地址加速
RUN git clone https://github.com.cnpmjs.org/multiparty/jiff
#RUN git clone https://github.com/multiparty/jiff
WORKDIR /root/jiff
RUN npm install
#可以将宿主机中的代码挂载到容器的projects目录，使用容器来运行程序
VOLUME ["/root/jiff/projects"]
WORKDIR /root/jiff/projects
#为了后续测试方便，特意安装一些网络工具
RUN apt-get update && \
    apt-get install -y iputils-ping && \
    apt-get install -y telnet && \
    apt-get install -y net-tools && \
    apt-get install -y tcpdump
```

使用如下命令编译 Docker 镜像并创建容器间共用的网络 jiff-net：

```
docker build -t jiff .
docker network create jiff-net
```

> 提示 为了方便各容器直接使用机器名进行通信，特意创建了 jiff-net 网络。在实际应用中，不需要创建 jiff-net 网络。

4.4.2 JIFF 服务器

如图 4-4 所示，JIFF 使用一个中心化的后勤服务器作为消息中介来提高可靠性和容错性。这样，JIFF 能够支持异步计算，也就是说即使在一些参与方连接不稳定的情况下（动态加入或者离开）也可以完成计算。默认情况下，这个后勤服务器可以看到加密数据流但不参与隐私计算。我们可以根据实际情况将后勤服务器配置成数据提供方或者计算参与方。

该后勤服务器主要负责消息通知和任务编排，比如当有参与方加入或者退出时，通知其他参与方，以及帮助交换传递公钥信息。参与方在连接后勤服务器时，如果参与方客户端没有为自己指定 ID，后勤服务器会为其分配一个 ID。一般而言，这个 ID 是从 1 开始的整型数。后勤服务器自身也有一个 ID，一般为 s1。

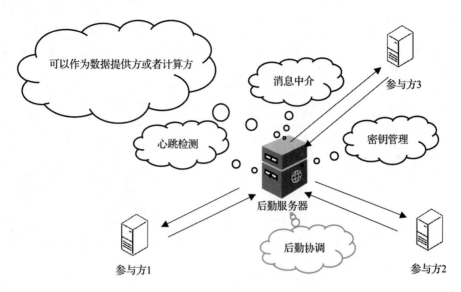

图 4-4　后勤服务器

基于 Node.js 的 express 模块可以构建 JIFF 后勤服务器，如代码清单 4-2 所示。

代码清单4-2　基于Node.js的express模块构建JIFF后勤服务器

```
var express = require('express');
var app = express();
var http = require('http').Server(app);
var JIFFServer = require('/path/to/jiff/lib/jiff-server');
new JIFFServer(http, { logs:true });
app.use('/lib', express.static('/path/to/jiff/lib'));
...
http.listen(8080, function() {    //后勤服务器监听8080端口，等待客户端连接
  console.log('listening on 8080);
});
```

4.4.3　JIFF 客户端

JIFF 客户端的所有依赖（sockets.io 以及 libsodium-wrappers）都已打包到 jiff-client.js 库中。我们在浏览器中应用只需要添加 dist 目录下的 jiff-client.js 文件即可，示例如下：

```
<script src="/dist/jiff-client.js"></script>
```

当客户端连接服务器时，需要指定服务器地址、端口，一个代表隐私计算任务的

ID（服务器支持同时调度多个隐私计算任务，因此需要这个 ID 来标识客户端所属的任务组），以及一些其他可选配置项，比如预期的所有参与方的数量。客户端可以通过以下代码与服务器建立连接，如代码清单 4-3 所示。

代码清单4-3 客户端与服务器建立连接示例

```
function onConnect() {
  Console.log('All parties connected!');
}
var options = { party_count: 4, crypto_provider: true, onConnect: onConnect };
var jiffClient = new JIFFClient('http://localhost:8080', 'first-application',
  options);  //连接后勤服务器，隐私计算任务的ID为'first-application'
```

上面的代码示例在创建 JIFFClient 对象时传入了 options。options 中的所有选项都是可选的，如表 4-1 所示。

表 4-1 options 参数说明

选 项	描 述
party_id	整型数，需要自己标识自己的编号，而不是使用后勤服务器分配的编号
party_count	整型数，用来指定参与方的数目
secret_key	Uint8Array，libsodium-wrappers 加密库使用的私钥
public_key	Uint8Array，libsodium-wrappers 加密库使用的公钥
public_keys	libsodium-wrappers 加密库使用的公钥 map（key 采用参与方的 ID），格式为 {1: "Uint8Array PublicKey", 2: "Uint8Array PublicKey", ... }
Zp	秘密共享时用来取模的素数，如未指定，默认使用 16777729
autoConnect	true/false
hooks	钩子函数，详情可参考 https://github.com/multiparty/jiff/blob/master/lib/ext/Hooks.md
listeners	监听器。对参与方传递的消息可以打上特殊的标记，然后通过指定的监听器来处理某些指定的标记
onConnect	function(jiff_instance)，建立连接时的回调函数
onError	function(label, error)，客户端处理请求出错时的回调函数
safemod	boolean，检测提供的 Zp 是否是素数，默认值为 false。当被检测的数比较大时，速度可能比较慢
crypto_provider	boolean，是否从服务器获取用于预处理的 Beaver Triplet（三个统一随机的秘密共享数字 a、b 和 c，且使得 $a*b = c$）以及其他实体，默认值为 false。如果设为 false，而在线计算时预处理尚未执行，将抛出异常：UnhandledPromiseRejection Warning: Error: No preprocessed value(s) that correspond to the op_id "smult:1,2:0:triplet"

（续）

选　项	描　述
socketOptions	用于直接给 socket.io 构造函数传递对象
sodium	boolean，false 表示客户端之间的消息不进行加密（用于代码调试）
maxInitializationRetries	服务器进行初始化时的最大重试次数，默认值为 2
preprocessingBatchSize	并行执行预处理的任务数

4.4.4　隐私输入数据的秘密共享

JIFF 提供了以下几个函数，以便数据提供方将隐私输入以秘密共享的方式分享给其他参与方。需要注意的是，这是相关参与方需要同步执行的原因。

1. share(secret, threshold, receivers_list, senders_list, Zp, share_id)

share 函数用于秘密共享一个整型数，相关参数说明见表 4-2。

表 4-2　share 函数相关参数说明

参数名	类　型	属　性	默认值	描　述
secret	整数	必选	无	需要分享的秘密
threshold	整数	可选	receivers_list.length	能够恢复出秘密的最少参与方数量（默认为所有接收者）
receivers_list	数组	可选	all_parties	秘密接收者的 ID 数组，默认为所有参与方
senders_list	数组	可选	all_parties	秘密发送者的 ID 数组，默认为所有参与方
Zp	整数	可选	jiff_instance.Zp	秘密共享时用来取模的素数，如未指定，默认使用 16777729
share_id	字符串或整数	可选	auto_gen()	用于标记此分享操作发送的消息。此标记用于使当事方将属于此分享操作的消息与同一方之间的其他分享操作区分开来（特别是在执行顺序不是决定性的时候）。通过增加本地计数器生成自动 ID，当各方以相同的顺序执行与同一发件人和接收方的所有共享操作时，默认 ID 就足够了

share 函数返回一个 map 对象（大小等于发送方数目），其中 map 的 key 为参与方 ID，或者 s1（如果 s1 在 senders_list 中指定）；map 的值为从相应参与方处获得的经过封装的秘密对象 SecretShare（用于后续隐私计算）。

2. share_2D_array(array, lengths, threshold, receivers_list, senders_list, Zp, share_id)

share_2D_array 函数用于秘密共享一个数组。对于不同的发送方，数组的长度可能不一样，因此需要各参与方通过 lengths 参数指定。相关参数说明见表 4-3。

表 4-3　share_2D_array 函数相关参数说明

参数名	类　型	属　性	默认值	描　　述
array	数组	必选	无	需要分享的秘密
lengths	null、整数、object	可选	null	秘密共享的数组的长度。每个发送方都必须正确输入数组的长度。如果数组的某一行长度遗漏没有设置，该函数将自动将其长度公开。该参数需遵循以下格式 1）null：长度未知，每个发送方的数组长度都会被公开 2）{ rows:, cols:, 0:, 1:, …} ：所有各方的数组都有指定的行数和列数。如果是交错二维数组，不同行可以有不同的列数，通过 <row_index>: <col_size> 的形式来指定。行数是必须要指定的，其他可选 3）{ <sender_party_id>: <length_object> } ：每一方都使用 object 来指定其分享的数组长度，object 格式同格式 2，每一方必须指定数组长度

如果调用方是接收方，那么返回的是分享的数组的 promise（JavaScript 中的 promise 代表未来将要发生的事件，用来传递异步操作的消息）。该 promise 提供的对象格式如下：

```
{
  <party_id>: [
    [ <1st_row_shares> ],
    [ <2nd_row_share> ],
    ...,
    [ <(lengths[party_id])th_row_shares> ]
  ]
}
```

party_id 是发送方的 ID。如果调用方不是接收方，则返回 null。

3. share_array(array, lengths, threshold, receivers_list, senders_list, Zp, share_id)

share_array 函数用于秘密共享一个数组，不同发送方的数组长度可能不一样，因此需要各自通过 lengths 参数指定。与上文 share_2D_array 函数不同的是，该函数会公开秘密共享的数组的长度，相关参数说明见表 4-4。

表 4-4　share_array 函数相关参数说明

参数名	类　型	属　性	默认值	描　　述
array	数组	必选	无	需要分享的秘密
lengths	null、整数、object	可选	null	秘密共享的数组的长度。该参数需遵循以下格式 ▫ null：长度未知，每个发送方的数组长度都会被公开 ▫ 整数：所有各发送方的数组都是该参数指定的长度 ▫ { <sender_party_id>: length } ：每一方都必须指定数组长度

如果调用方是接收方，那么返回的是分享的数组的 promise。该 promise 提供的对象格式如下：

```
{
  <party_id>: [
    <1st_share>,
    <2nd_share>,
    ...,
    <(lengths[party_id])th_share>
  ]
}
```

party_id 是发送方的 ID。如果调用方不是接收方，则返回 null。

4. share_ND_array(array, skeletons, threshold, receivers_list, senders_list, Zp, share_id)

share_ND_array 函数用于秘密共享一个 N 维数组，数组可以有不同的长度和维数。相关参数说明见表 4-5。

表 4-5　share_ND_array 函数相关参数说明

参数名	类　型	属　性	默认值	描　述
array	数组	必选		需要分享的秘密
skeletons	object	必选	无	秘密共享的数组的结构。该参数需遵循以下格式：{ <sender_party_id>: <array_object> }，每一方都必须指定数组的结构，array_object 的结构应与要秘密共享的数组结构一致，数组内容可以为 null

如果调用方是接收方，并且无法从 skeletons 参数获取足够的信息来推导出每个发送方的数组的格式和大小，那么返回的是分享的数组的 promise。该 promise 提供的对象格式同 share_array 函数返回的 promise。其中，party_id 是发送方的 ID。如果能够从 skeletons 参数获取足够的信息，那么返回的是一个包含各发送方秘密共享的数组的对象。如果调用方不是接收方，则返回 null。

4.4.5　秘密共享中的运算

很显然，隐私输入数据被秘密共享出去以后还需要运算，因此 JIFF 提供了一系列秘密共享运算操作符，既有 SecretShare 对象与普通常量对象之间的运算操作符，比如 cadd（加法运算）、csub（减法运算）、cmult（乘法运算）、cdiv（除法运算）、ceq（相等比较）、clt（小于比较）、cor_bit（比特位或运算）等，也有 SecretShare 对象之间的运算操作符，比如 sadd（加法运算）、ssub（减法运算）、smult（乘法运算）、sdiv（除法运算）、seq（相等比较）、slt（小于比较）、sor_bit（比特位或运算）等。我们从操作符命名基本可以推断出各运算操作符的具体含义。

从 JIFF 提供的接口文档（https://multiparty.org/jiff/docs/jsdoc/module-jiff-client-JIFFClient_SecretShare.html）中，我们可以查看到所有支持的操作符（主要包括算数运算符、比较运算符和位运算符）。

接下来用一个简单的例子看一下秘密共享函数以及运算操作符的使用方法。假设有 3 个同学需要对班里的优秀班干部 Alice、Bob、Charles、Douglas 进行投票，最后统计各班干部所获得的票数，这时就可以利用秘密共享函数 share 将各个投票方的投票分享出去并进行隐私计算。代码清单 4-4 为 3 个投票同学中其中一个同学的运行代码，不同的投票方除了输入可能不同外，其他代码应该是一致的。

代码清单4-4　使用秘密共享函数进行投票统计的示例

```
//投票的选项
var options = ['Alice', 'Bob', 'Charles', 'Douglas'];
//1代表把票投给对应的班干部，这里对应的是把票投给Alice
var input = [1, 0, 0, 0];
//待编号分别为1、2、3的三个参与方都连接上后进行函数回调（执行隐私计算）
jiffClient.wait_for([1, 2, 3], function () {
  var results = [];
  for (var i = 0; i < options.length; i++) {
    //以秘密共享的方式把投票逐个分享出去
    var ithOptionShares = jiffClient.share(input[i]);
    //把编号分别为1、2、3的参与方对第i个班干部的投票数相加，获得第i个班干部的总票数
    var ithOptionResult = ithOptionShares[1].sadd(ithOptionShares[2]).
      sadd(ithOptionShares[3]);
    //公开第i个班干部获得的票数
    results.push(jiffClient.open(ithOptionResult));
  }
  //所有班干部统计完毕后输出最终投票结果
  Promise.all(results).then(function (results) {
    Console.log('options', options);
    Console.log('results', results);
  });
});
```

秘密共享函数 share 返回的是一个 map，需要通过参与方 ID 来获取秘密共享的对象，因此上面的代码需要通过 ithOptionShares[1] 获取 ID 为 1 的参与方秘密共享的投

票，然后使用隐私计算操作符 sadd 将投票结果加总求和。当然，上面的代码只是为了说明秘密共享函数以及运算操作符的使用方法，并没有对各参与方的投票进行合法性校验。那么，如何进行校验呢？显然，这个校验必须通过隐私计算的方式进行。把每个参与投票的人所投票数加起来校验等于 1？这显然还不够，因为投票人可能投出的输入是 [3, –2, 0, 0]，因此还需要确保每个参与投票的人的输入中每一项都小于等于 1，即需要使用比较运算操作符 clteq。也就是说，我们可以通过以下代码进行校验，如代码清单 4-5 所示。

代码清单4-5　对投票统计进行合法性校验的示例

```
function sanityCheck(shares) {
  var sum = shares[0];
  for (var i = 1; i < shares.length; i++) {
    sum = sum.sadd(shares[i]);
  }
  var check1 = sum.ceq(1);                          //第一轮校验投票数加总等于1

  var check2 = shares[0].clteq(1);
  for (var j = 1; j < shares.length; j++) {
    check2 = check2.smult(shares[j].clteq(1));      //第二轮校验每一项都小于等于1
  }

  return jiff_instance.open(check1.smult(check2));  //合并两轮校验结果
}
```

有了上面的校验方法后，我们就可以在检验通过后再进行票数统计。我们将在后文中进一步介绍校验方法中用到的 open 函数的使用方法。

4.4.6　计算过程中的流程控制

3.2.4 节谈到如果使用隐私输入数据进行 for、while 等流程控制，可能会泄露信息，因此 Obiv-C 并不支持在此类流程控制语句中使用隐私输入数据。同样的，JIFF 也不支持直接在此类流程控制中使用 SecretShare 对象进行条件判断，但支持使用 if_else 进行判断取值，代码示例如下：

```
var cmp = a.gt(b);
var max = cmp.if_else(a, b);
```

当然，JIFF 支持的 if_else 不同于一般编程语言中的流程控制，读者可以通过代码清单 4-6 的二分查找的例子来了解其典型的用法。

代码清单4-6 对SecretShare进行二分查找的示例

```
function binary_search(array, element) {
  if (array.length === 1) {                      //使用share_array秘密共享的数组，数组的长度是公开值
    return array[0].seq(element);
  }

  var mid = Math.floor(array.length/2);  //获取数组中处于中间位置的数
  var cmp = element.slt(array[mid]);      //slt是SecretShare对象的小于比较操作符

  var nArray = [];
  //将原有数组对半分，选取哪部分取决于cmp
  for (var i = 0; i < mid; i++) {
    var c1 = array[i];
    var c2 = array[mid+i];
    // if_else是SecretShare对象的判断语句，如果为true，返回c1；反之，返回c2
    nArray[i] = cmp.if_else(c1, c2);
  }

  // 如果数组长度是奇数，需要特殊处理，把最后一个数也包含进去
  if (2*mid < array.length) {
    nArray[mid] = array[2*mid];
  }

  return binary_search(nArray, element); //进行递归查找
}
```

4.4.7 计算结果输出

同 share 函数一样，计算结果输出 open 函数也是需要各参与方同步执行的原因。根据输出结果的类型不同，JIFF 提供以下几个函数来输出计算结果。

1. open(share, parties, op_id)

open 函数用于输出一个 SecretShare 秘密对象，相关参数说明见表 4-6。

表 4-6 open 函数相关参数说明

参数名	类　型	属　性	默认值	描　　述
share	SecretShare 对象	必选	无	需要输出的对象
parties	数组	可选	所有参与方	一个用于指定接收方的 ID（1 到 n）的数组

（续）

参数名	类　型	属　性	默认值	描　述
op_id	字符串类型或者整型数	可选	auto_gen()	operation id，用于给输出的消息进行标记，以确保每个参与方都能从同一个秘密中获得一部分分享。默认情况下，JIFF 使用本地计数器自动生成该 ID。在各参与方以同样的顺序执行指令时，默认生成的 ID 已经足够用

open 函数返回一个 promise 对象，因为 open 函数还涉及异步通信，所以用 promise 对象在结果可用时输出计算结果。如果参与方不在指定的接收方内，则返回 null。

2. open_array(shares, parties, op_ids)

open_array 函数用于输出一个 SecretShare 秘密对象的数组，相关参数说明见表 4-7。

表 4-7　open_array 函数相关参数说明

参数名	类　型	属　性	默认值	描　述
shares	SecretShare 数组	必选	无	需要输出的 SecretShare 对象数组
parties	数组	可选	所有参与方	一个用于指定接收方的数组，其格式可以是以下 3 种格式中的一种 □ null：表示向所有参与方公开 SecretShare 对象数组 shares □ 整型数数组：表示向指定参与方公开 SecretShare 对象数组 shares □ 整型数数组的数组：将 shares 数组中索引为 i 的 SecretShare 对象输出给 parties[i] 指定的接收方。如果 parties[i] 为 null，share[i] 将被输出给所有参与方
op_ids	字符串类型或者整型数或者对象	可选	auto_gen()	operation id，用于给输出的每条消息进行标记。open_array 包含的每个参与方都发送多条消息，此参数仅指定 BASE OPERATION ID。发送的每条消息都将此基本 ID 串接到一个计数器上。如果传入参数是一个对象，该对象应该映射接收方的 ID 到基本 op_id（用于标记发送给该参与方的消息）。未映射此对象的参与方将获得自动生成的 ID。如果自动生成的 ID 是一个数字或字符串，那么它将被用作基本 ID 来标记向所有方发送的所有消息。读者一般可以忽略这一点，除非你有多个 open 函数，且每个 open 函数中包含其他 open 函数。在这种情况下，执行这些 open 函数的顺序并不完全确定（取决于到达消息的顺序），每一个嵌套的 open 函数使用此参数，可以确保 ID 是独一无二的以及定义执行 open 的顺序

open_array 函数返回一个 promise 对象，该 promise 对象包含一个二维数组。数组中的每一项对应于入参 shares 数组中的每一项（相同的索引号）。如果不同的结果输出给不同的参与方，那么结果的顺序还是会保留（而不是索引，结果数组中不会有空），但

是接收到的索引为 [0] 的秘密在原先 shares 中的索引可能不是 [0]。

3. open_ND_array(shares, parties, op_ids)

open_ND_array 函数用于输出一个 SecretShare 秘密对象的 *N* 维数组，相关参数说明见表 4-8。

表 4-8 open_ND_array 函数相关参数说明

参数名	类　　型	属　性	默认值	描　　述
shares	SecretShare 或者 SecretShare 数组或者 SecretShare 数组的数组	必选	无	需要输出的 SecretShare 对象或者数组
parties	数组	可选	所有参与方	参见 open_array 函数
op_ids	字符串类型或者整型数或者对象	可选	auto_gen()	参见 open_array 函数

open_ND_array 函数返回一个 promise 对象，该 promise 对象包含一个 *N* 维数组。数组中的每一项对应于入参 shares 数组中的每一项（相同的索引号）。如果不同的结果输出给不同的参与方，那么结果的顺序还是会保留（而不是索引，结果数组中不会有空），但是接收到的索引为 [0][0] 的秘密在原先 shares 中的索引可能不是 [0][0]。

4.4.8 模块扩展

JIFF 还支持在原有基础实现上进行扩展，主要扩展可以在 JIFF 源码目录 lib/ext 下找到。目前实现的重要模块有固定浮点数运算（Fixed Point Arithmetic）、超大整型数（bignumber）以及负数（negativenumber）等。

1. 固定浮点数运算和超大整型数扩展

JIFF 固定浮点数运算扩展包可以自动将固定浮点数通过大小缩放的方式转化成整型数，但是由于 JavaScript 支持的最大整型数长度只有 53bit，在运算超过 27bit 的数据时就不是非常安全了（比如乘法运算）。因此，JIFF 通过超大整型数扩展包来支持无限精度的数（实际上，还要取决于素数的大小）。超大整型数扩展包需要同时在服务器端和客户端应用方生效。服务器加载超大整型数扩展包的示例如代码清单 4-7 所示。

代码清单4-7 服务器端加载超大整型数扩展包的示例

```
var JIFFServer = require('../lib/jiff-server.js');
var jiff_bignumber = require('../lib/ext/jiff-server-bignumber.js');
var jiff_instance = new JIFFServer(http, { logs:true });
jiff_instance.apply_extension(jiff_bignumber);
```

客户端加载超大整型数扩展包的示例如代码清单 4-8 所示。

代码清单4-8　客户端加载超大整型数扩展包的示例

```
var options = { party_count: 2, party_id: 1, crypto_provider: true,
  onConnect: onConnect, autoConnect: false, integer_digits: 3,
  decimal_digits: 2 };                    //在参数中指定固定浮点数的位数
var jiff_instance = new JIFFClient('http://localhost:8080,
  'product-application', options);
//必须先加载超大整型数扩展包
jiff_instance.apply_extension(jiff_bignumber, options);
//然后再加载固定浮点数运算扩展包
jiff_instance.apply_extension(jiff_fixedpoint, options);
```

2. 负数扩展

默认情况下，JIFF 支持的数据范围为 [0, prime)，如果需要使用负数，应加载扩展库。JIFF 自带的扩展库将数据范围扩展为 [-floor(prime)/2, floor(prime/2))。选取素数的大小以确保计算结果以及计算中间状态不会越界是非常重要的。（表 4-1 介绍了如何通过 Zp 参数自定义素数值。）客户端加载负数扩展模块的示例如代码清单 4-9 所示。

代码清单4-9　客户端加载负数扩展模块的示例

```
jiff_negativenumber = require('../../lib/ext/jiff-client-negativenumber');
var jiff_instance = new JIFFClient('http://localhost:8080,
  first-application', options);
jiff_instance.apply_extension(jiff_negativenumber, options);
jiff_instance.connect();
```

4.4.9　使用预处理来提升性能

相对于明文计算，隐私计算中各参与方之间的通信量要大很多，因此计算速度也慢不少。一种提升计算性能的方法就是预处理。JIFF 允许一些参与方在尚未获得隐私输入时提前进行一些计算，比如生成一些隐私计算所需的加密用的材料或者随机数（比如密文乘法运算需要用到的 Beaver Triplet：三个随机的秘密共享数字 a、b 和 c，且 $a \times b = c$），使得在线隐私计算效率更高。当然，预处理依然会有计算消耗。

jiffClient.preprocessing 是用于指定预处理任务的主要函数。preprocessing 函数只需要知道将执行哪些操作以及执行次数，因此程序员不需要指明这些操作依赖于哪些协议或其他值，并且预处理操作的顺序不需要与调用 preprocessing 函数的顺序一致。

此外，preprocessing 函数还支持一些其他的可选参数，允许对预处理进行自定义。preprocessing 函数返回一个 promise 对象。调用 preprocessing 函数并不会立即启动相关操作，真正的执行需要调用 executePreprocessing 函数。executePreprocessing 函数接收一个回调函数作为参数。当此前安排的所有 preprocessing 任务都执行完毕后，该回调函数就会被调用（建议在回调函数中运行需要在线计算的那部分隐私计算代码）。预处理函数的使用方法将在 4.5 节的应用案例中做进一步介绍。

JIFF 的预处理基于 BGW 协议（具体见 4.6.2 节），需要诚实的参与方占多数才能满足安全要求，但能在在线隐私计算时实现非诚实参与方占多数的隐私安全。因为该协议需要至少 3 个参与方才能提供安全保障，所以在只有两个参与方时需要通过设置 crypto_provider 为 true（如何设置 crypto_provider 见表 4-1 JIFFClient 构造函数的 options 参数说明），将后勤服务器引入预处理。

4.4.10 使用并行计算来提升性能

JIFF 支持以为每个参与方增加机器、组建集群的方式来提升计算速度，如图 4-5 所示。这与并行编程非常类似，但需要特别注意以下几点。

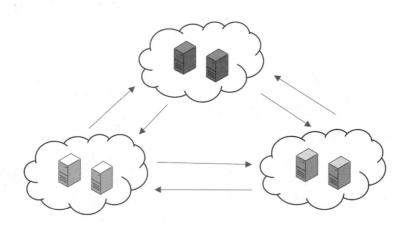

图 4-5　JIFF 并行计算集群示意图

1）添加额外的机器类似于添加额外的参与方，可能给安全带来影响。想象一下，假设我们试图通过向每个参与方分配 10 台机器来并行进行某些计算，如果秘密共享的门限值是 3，并且参与的每台机器都获得该秘密的份额，则单一参与方就足以恢复秘密！这个问题需要通过仔细设计计算协议来解决：来自同一方的两台机器不能获得来自同一输入方的多个秘密份额；或者，如果复制份额（提高可靠性）很重要，所有该参与方的机器应获得相同的秘密份额，或者协议每一台机器使用独立的秘密共享方案。

2）在常规并行编程中，输入数据基于某些分区函数（可能依赖于数据或独立于数据）被分配到不同的机器。此外，对于复杂的功能，单台机器计算的结果可能需要与其他机器的结果进行通信或聚合，这些结果还可能会被反馈到并行计算的另一个阶段。输入的分区计算、输出的聚合计算以及任何中间处理都必须以隐私计算的方式执行。部分输出或中间输出可能泄露的信息比最终输出的信息多得多，因此向任何一方泄露信息都是不安全的。这就可能会产生一些有趣的性能权衡，其中明文计算下的最佳算法可能会在隐私计算下变得次优，因为它最终需要一个复杂或者串行的聚合阶段。

3）虽然确保各方拥有相同数量的机器通常是有道理的，但是在隐私计算高度不对称的情况下，或者在不同参与方拥有非常不平等的计算资源的情况下，情况可能有所不同。

下面以线性查找为例介绍如何进行并行计算，假设有两个参与方 Alice 和 Bob。

1）Alice 提供一组未经排序的数据供 Bob 查找。
2）Bob 提供要查找的数据 x。
3）如果数据 x 在 Alice 的数据集中，显示 true，否则显示 false。
4）每个参与方都有两台机器，Alice 有机器 A1 和 A2，Bob 有机器 B3 和 B4。

代码清单 4-10 是隐私计算下实现的线性查找函数，每一台机器都需要使用这个函数，逻辑相对简单，这里就不多介绍了。

代码清单4-10　隐私计算下实现的线性查找函数

```
function linear_search(array, element) {
  // 首先检查要查找的element是否与数组中第一个数相等
  var occurrences = array[0].seq(element);
  for (var i = 1; i < array.length; i++) {
    //对查找次数进行计数
    occurrences = occurrences.sadd(array[i].seq(element));
  }
  return occurrences.cgteq(1);    // cgteq是大于等于常数的比较操作符
}
```

要实现对 Alice 的未经排序数据的并行查找，我们可以将数组进行对半划分，前半部分由 A1 和 B3 进行隐私计算，后半部分由 A2 和 B4 进行隐私计算，查找结果由 A1 和 B3 汇总。机器 A1 的并行查找如代码清单 4-11 所示。

代码清单4-11   机器A1并行查找的示例

```
//Alice未经排序的数据必须与机器A2上的数据一致
var input = [10, 2, 5, 1, 8, 3, 5, 12];
var aggregateOr;
function parallelSearch() {
  //从Bob的B3机器接收要查找的数据x
  var xShare = jiff_instance.share(null, 2, [1, 3], [3]);
  //对数据分区，仅在前半部分数据中查找
  var partition = input.slice(0,input.length/2);
  //秘密共享仅在A1和B3上进行
  var promise = jiff_instance.share_array(partition, null, 2, [1, 3], [1]);
  //隐私输入分享完毕后通过回调执行线性查找
  promise.then(function (array) {
    //获得前半部分数据的查找结果
    var intermediate1 = linear_search(array[1], xShare[3]);
    //从机器A2和B4上获取后半部分数据的查找结果
    var intermediate2 = jiff_instance.reshare(null, 2, [1, 3], [2, 4]);
    //汇总查找结果
    aggregateOr([intermediate1, intermediate2]);
  });
}
```

细心的读者可能已经发现，A2 和 B4 将加密状态下的计算结果分享给 A1 和 B3 是通过 reshare 函数实现的。该函数的参数说明与 share 函数的参数说明非常接近（见表 4-2），唯一的不同就是 reshare 函数中的第一个参数 share 可以为 null（条件是调用者是秘密的接收者而不是发送者）。

机器 A2 的并行查找代码与 A1 略有不同（主要的不同在于分区以及结果汇总方面），示例如代码清单 4-12 所示。

代码清单4-12   机器A2并行查找的示例

```
//Alice未经排序的数据必须与A1机器上的数据一致
var input = [10, 2, 5, 1, 8, 3, 5, 12];
function parallelSearch() {
  //从Bob的B4机器上接收要查找的数据x
  var xShare = jiff_instance.share(null, 2, [2, 4], [4]);
  //对数据分区，仅在后半部分数据中查找
  var partition = input.slice(input.length/2);
  //秘密共享仅在A2和B4上进行
  var promise = jiff_instance.share_array(partition, null, 2, [2, 4], [2]);
  //隐私输入分享完毕后通过回调执行线性查找
  promise.then(function (array) {
    //获得后半部分数据的查找结果
```

```
        var intermediate = linear_search(array[2], xShare[4]);
        //将结果秘密共享给A1和B3汇总
        jiff_instance.reshare(intermediate, 2, [1, 3], [2, 4]);
    });
}
```

机器 B3 提供需要查找的数据 *x* 并与 A1 协同进行并行计算，示例如代码清单 4-13 所示。

代码清单4-13　机器B3与A1协同进行并行计算的示例

```
//要查找的数据x必须与机器B4上的数据一致
var input = 12;
var aggregateOr;
function parallelSearch() {
    //B3要查找的数据x通过秘密共享给A1
    var xShare = jiff_instance.share(input, 2, [1, 3], [3]);
    //从A1获取数组的前半部分
    var promise = jiff_instance.share_array(null, null, 2, [1, 3], [1]);
    //隐私输入分享完毕后通过回调执行线性查找
    promise.then(function (array) {
        //获得前半部分数据的查找结果
        var intermediate1 = linear_search(array[1], xShare[3]);
        //从A2和B4获取后半部分的查找结果
        var intermediate2 = jiff_instance.reshare(null, 2, [1, 3], [2, 4]);
        //汇总查找结果
        aggregateOr([intermediate1, intermediate2]);
    });
}
```

机器 B4 提供需要查找的数据 *x* 并与 A2 协同进行并行计算，示例如代码清单 4-14 所示。

代码清单4-14　机器B4与A2协同进行并行计算的示例

```
//要查找的数据x必须与机器B3上的数据一致
var input = 12;
function parallelSearch() {
    //B4要查找的数据x通过秘密共享给A2
    var xShare = jiff_instance.share(input, 2, [2, 4], [4]);
    //从A2获取数组的后半部分
    var promise = jiff_instance.share_array(null, null, 2, [2, 4], [2]);
    //隐私输入分享完毕后通过回调执行线性查找
    promise.then(function (array) {
        //获得后半部分数据的查找结果
        var intermediate = linear_search(array[2], xShare[4]);
```

```
    //将结果秘密共享给A1和B3
    jiff_instance.reshare(intermediate, 2, [1, 3], [2, 4]);
  });
}
```

最后再来看一下结果汇总的实现（A1 和 B3 需要实现的代码），示例如代码清单 4-15 所示。

代码清单4-15　并行计算结果汇总示例

```
aggregateOr = function (array) {
  var sum = array[0].sadd(array[1]);
  var or = sum.cgteq(1);
  jiff_instance.open(or).then(function (result) {        //公开汇总结果
    Console.log(result);
  });
}
```

相信通过上面的并行计算示例，读者已经对如何通过并行计算来提升计算性能有了基本的了解。

4.4.11　安全模型和假设

JIFF 的安全模型基于半诚实安全假设，但实际情况更复杂一些。

如果应用采用了预处理，那么在预处理阶段，协议在诚实参与方占多数的情况下是安全的；在在线处理阶段，协议在非诚实参与方占多数的情况下也是安全的。值得注意的是，预处理阶段的参与方与在线处理阶段的参与方可能是不一致的。

如果应用不采用预处理，并且在创建实例时将 crypto_provider 设置为 true，JIFF 将会从服务器获取计算用的相关随机数等信息。此时，对于非服务器参与方来讲，计算在非诚实方占多数时仍是安全的。但是，当其中一方或者更多参与方与服务器合谋时，计算就不安全了。具体来讲，2 个参与方、1 台服务器这样的特殊场景等同于三方计算、诚实方占多数，计算是安全的。

4.5　应用案例：求向量内积

4.5.1　具体代码实现

前面介绍过如何通过混淆电路实现求向量内积，这里使用 JIFF 框架来实现类似的功能：假设 Alice 和 Bob 分别有向量 *a* 和 *b*，需要通过隐私计算的方式计算两个向量的内积。

代码文件涉及三方——后勤服务器、Alice 和 Bob，分别对应 server.js、alice.js 和 bob.js 文件。由于 Alice 和 Bob 进行向量内积计算的逻辑是一样的，因此创建 mpc.js 来存放共用的隐私计算函数。server.js 文件中的代码如代码清单 4-16 所示。

代码清单4-16 用于求向量内积的后勤服务器对应文件server.js中的代码

```
var http = require('http');
var JIFFServer = require('../lib/jiff-server.js');
//服务器端bignumber扩展包
var jiff_bignumber = require('../lib/ext/jiff-server-bignumber.js');
var express = require('express');
var app = express();
http = http.Server(app);
var jiff_instance = new JIFFServer(http);
//为了提高支持的精度，后勤服务器加载了bignumber扩展包
jiff_instance.apply_extension(jiff_bignumber);
http.listen(8080, function () {
  console.log('listening on *:8080');
});
```

mpc.js 文件中存放 Alice 和 Bob 共用的用于计算向量内积的函数，示例如代码清单 4-17 所示。

代码清单4-17 计算向量内积的函数示例

```
module.exports = function (jiffClient, input) {
  var promise = jiffClient.share_array(input);
  return promise.then(function (arrays) {
    var array1 = arrays[1];
    var array2 = arrays[2];
    var result = array1[0].smult(array2[0]);
    for (var i = 1; i < array1.length; i++) {
      result = result.sadd(array1[i].smult(array2[i]));
    }
    return jiffClient.open(result);
  });
};
```

alice.js 和 bob.js 文件中代码的功能非常类似，因此这里仅展示 alice.js 文件中的代码，如代码清单 4-18 所示。

代码清单4-18　用于求向量内积的alice.js文件中的代码

```
var JIFFClient = require('../lib/jiff-client.js');
//客户端bignumber扩展包
var jiff_bignumber = require('../lib/ext/jiff-client-bignumber.js');
var jiff_fixedpoint = require('../lib/ext/jiff-client-fixedpoint.js');
//引入共用的计算向量内积的函数
var mpc_innerprod = require('./mpc.js');
var input = [1.32, 10.22, 5.67]
function onConnect() {
  console.log('All parties connected!');
  //双方连接成功后开启计算
  mpc_innerprod(jiff_instance, input).then(function (result) {
    console.log('Inner product', result);
    console.log('Verify', 1.32*5.91 + 10.22*3.73 + 5.67*50.03);
  });
}

var options = {
  party_count: 2,
  party_id: 1,
  crypto_provider: true,
  //默认的素数支持的精度不够，采用更大的素数
  Zp: 214749167653,
  onConnect: onConnect,
  autoConnect: false,
  integer_digits: 3,
  //支持小数点后4位
  decimal_digits: 4
};
//配置后勤服务器地址
var jiff_instance = new JIFFClient('http://server:8080', 'inner-product', options);
jiff_instance.apply_extension(jiff_bignumber, options);
jiff_instance.apply_extension(jiff_fixedpoint, options);
jiff_instance.connect(); //连接服务器
```

> **注意** JIFF 框架默认的素数较小，支持的精度不够，这里计算时选择采用了更大的素数。

代码准备就绪后就可以执行了。

首先运行服务器：

```
docker run -it --rm --name Server --network jiff-net `
          -v C:\ppct\jiff:/root/jiff/projects jiff /bin/bash
root@a313d5369caf:~/jiff/projects# node server.js
```

然后运行 Alice 的计算程序：

```
docker run -it --rm --name Alice --network jiff-net `
          -v C:\ppct\jiff:/root/jiff/projects jiff /bin/bash
root@0f62a4583cb8:~/jiff/projects# node alice.js
```

接着运行 Bob 的计算程序：

```
docker run -it --rm --name Bob --network jiff-net `
          -v C:\ppct\jiff:/root/jiff/projects jiff /bin/bash
root@38b9c51b828a:~/jiff/projects# node bob.js
```

最后显示计算结果，结果同明文计算完全一致：

```
All parties connected!
Inner product BigNumber { s: 1, e: 2, c: [ 329, 59190000000000 ] }
Verify 329.5919
```

4.5.2　网络抓包及分析

从秘密共享的原理可知，相比明文计算，使用了秘密共享的应用程序之间的网络通信次数及通信量会大大增加。这里不对其性能做全面的评测，只是希望通过对上面向量求内积的程序进行网络抓包及分析来对隐私计算的网络消耗有一个大概的了解。进入后勤服务器容器，执行以下命令进行抓包：

```
tcpdump -XX -vvv tcp port 8080 and host Server and Alice or Bob \
  -w garbledserver.cap
```

如图 4-6 所示，结果显示此次共抓取到 41 594 个报文，输出的 garbledserver.cap 文件大小为 9 074 401 字节。

进入 Alice 的容器，执行以下命令进行抓包：

```
tcpdump -XX -vvv tcp port 8080 and host Alice and Bob or Server \
  -w garbledalice.cap
```

如图 4-7 所示，结果显示此次共抓取到 20 488 个报文，输出的 garbledalice.cap 文件大小为 4 511 876 字节。

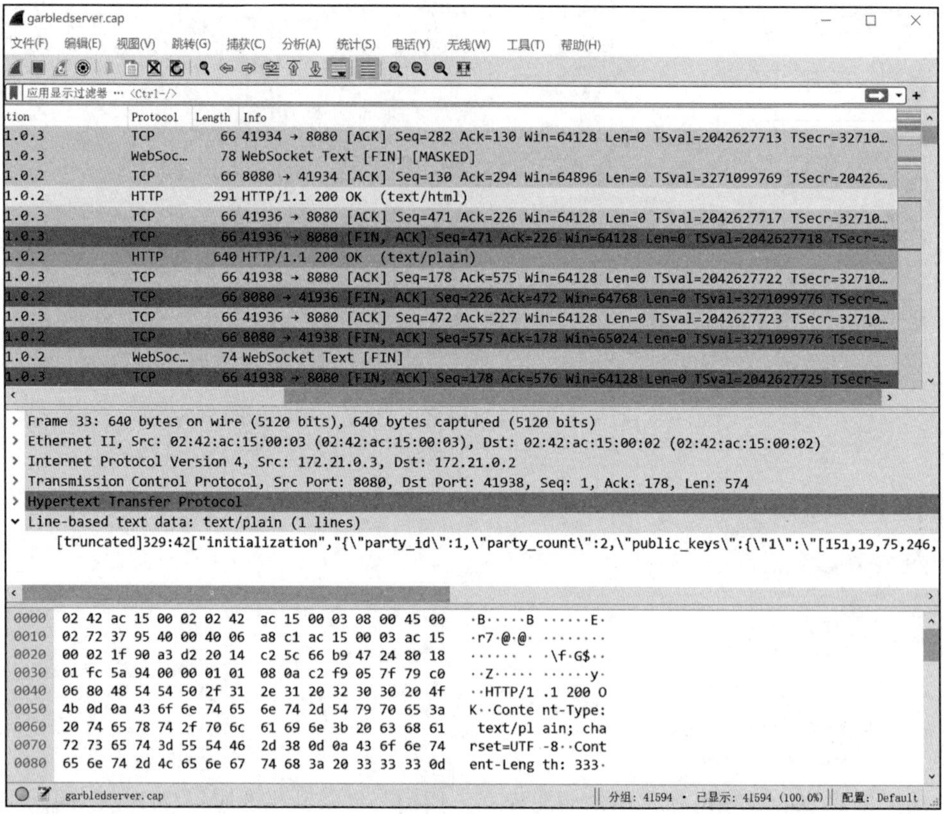

图 4-6　后勤服务器端抓取到的报文

在上面的程序执行过程中，我们很容易发现计算性能不高，简单的几个操作需要花费几秒时间，而且产生的网络通信量很多。是否存在优化的地方呢？

4.5.3　性能优化

通过查看其固定浮点数扩展包的乘法实现（部分代码如代码清单 4-19 所示），我们可以看到每次返回计算结果时都需要调用 cdiv 函数。

代码清单4-19　固定浮点数扩展包的乘法实现代码段

```
share.smult = function (o, op_id, div) {
  ...
  if (div === false) {
    return result;
  }
```

```
    return result.legacy.cdiv(magnitude, op_id + ':reduce');
};
```

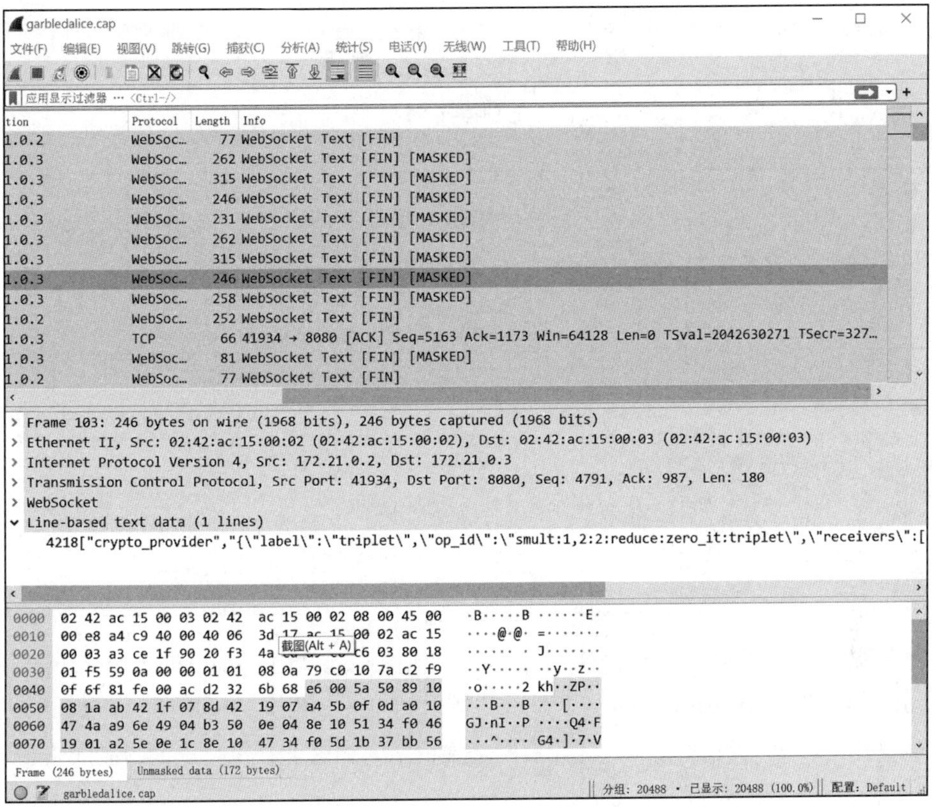

图 4-7　Alice 端抓取到的报文

这是因为浮点数运算需要转换成整型数，但最终结果还需要转换回浮点数。而事实上，求内积的运算中乘法操作的计算结果直接被用到了加法操作中，因此我们完全可以把乘法操作中的 cdiv 操作延迟到加法操作完成后。也就是说，在调用 smult 函数时传入值为 false 的 div 参数，减少除法操作带来的性能损耗。优化后的 mpc.js 文件中的代码如代码清单 4-20 所示。

代码清单4-20　优化后的求向量内积代码示例

```
module.exports = function (jiffClient, input) {
  var promise = jiffClient.share_array(input);
  return promise.then(function (arrays) {
    var array1 = arrays[1];
```

```
      var array2 = arrays[2];
      var result = array1[0].smult(array2[0],null,false); //此处就是优化点
      for (var i = 1; i < array1.length; i++) {
        //此处就是优化点
        result = result.sadd(array1[i].smult(array2[i],null,false));
      }
      return jiffClient.open(result);
    });
  };
```

alice.js 和 bob.js 文件中代码执行结果输出时需要调用除法操作进行结果修正。优化后的代码如代码清单 4-21 所示。

代码清单4-21　向量内积结果输出时的性能优化

```
function onConnect() {
  console.log('All parties connected!');
  mpc_innerprod(jiff_instance, input).then(function (result) {
    //最终进行计算结果的修正
    console.log('Inner product', result.div(10000));
    console.log('Verify', 1.32*5.91 + 10.22*3.73 + 5.67*50.03);
  });
}
```

后勤服务器端抓包结果显示共抓取到 357 个报文，输出的 garbledserver.cap 文件大小为 61 564 字节；Alice 端抓包结果显示共抓取到 188 个报文，输出的 garbledalice.cap 文件大小为 31 959 字节。可见，优化后网络通信量大为降低，执行速度明显加快。

4.6　扩展阅读

研究者在秘密共享的基础上提出了很多优化协议，比如 GMW 协议、BGW 协议和 SPDZ 协议等，并开发出了一些技术和框架。

4.6.1　GMW 协议

GMW（Goldreich-Micali-Wigderson）协议允许任意数量的参与方安全地计算一个可以表示为布尔电路或算术电路的函数。以布尔电路为例，所有参与方使用基于异或门的 SS 方案共享输入，各参与方之间交互计算结果，逐门计算。GMW 协议在使用布尔电路进行计算时与 Yao 的 GC 协议类似，对于电路中的异或门，各方可以分别使用 SS

进行分享。各参与方的本地计算量可以忽略不计。而对于与门，需要各参与方之间使用 OT 或其扩展进行通信和计算。因此，GMW 协议的性能取决于电路中与门的总数（OT 的数量）和电路的深度。基于 GMW 协议的计算不需要对真值表进行混淆，只需要进行异或门和与门运算，所以不需要进行对称的加解密操作。此外，GMW 协议允许预先计算所有的加密操作，但在在线阶段需要多方进行多轮交互。因此，GMW 协议在低延迟网络中取得了良好的性能可关注、学习。

4.6.2　BGW 协议

BGW（Ben-or-Goldwasser-Wigderson）也是支持多方安全计算的协议。BGW 协议基于 Shamir 的 (t, n) 门限秘密共享机制，总体结构与 GMW 协议类似。各方最初使用线性 SS 方案（通常使用 Shamir's SS）共享输入，然后逐门计算结果。一般来说，BGW 协议可以用来运算任何算术电路。与 GMW 协议类似，对于加法，计算是可以在本地进行的，而对于乘法，各方需要交互。但是，GMW 和 BGW 协议在交互形式上有所不同。BGW 协议不是使用 OT 进行通信的，而是依靠线性 SS（如 Shamir'SS）来进行乘法运算的。BGW 协议依靠的是诚实多数制。BGW 协议可以对抗少于 $n/2$ 个腐坏方（即被敌方控制的参与方）的半诚实敌手，对抗少于 $n/3$ 个腐坏方的恶意敌手。

4.6.3　SPDZ 协议

SPDZ 是 Ivan Damgard 等提出的一种涵盖恶意多数制情况的安全计算协议，能够支持两方以上的算术电路。SPDZ 将隐私计算分为离线阶段和在线阶段。其优势在于可以将大量计算（比如公钥密码计算）放在离线阶段完成。SPDZ 在离线阶段使用了同态加密技术来进行乘法运算。SPDZ 的在线阶段遵循 GMW 范式，在有限域上使用秘密共享来确保安全。如果有 n 个参与方，极端情况下，SPDZ 最多可以对抗 $n-1$ 个恶意敌手（即只有一个可信参与方）。

4.6.4　门限签名

签名是加密算法中最常见的应用。随着区块链技术风靡世界，门限签名技术受到了广泛关注。

基于秘密共享的核心理念，门限签名方案通过将私钥拆分成多个秘密分片来实现如下效果。

1）秘密分片持有者当且仅当不少于门限值 t，且共同协作，才可以生成有效签名。

2）即便部分秘密分片持有者丢失了秘密分片，只要剩余秘密分片持有者不少于门限值 t，仍然可以生成有效签名。

3）即便部分秘密分片持有者被黑客获取，只要剩余秘密分片持有者不少于门限值 t，可以重新生成新的秘密分片且可使被盗分片不再有效。

4）生成的签名不会泄露具体哪些持有者参与了签名。

门限签名方案除了有基于秘密共享技术的方案外，还有基于 ECDSA 算法、基于 Schnorr 算法的方案。后者不需要以完整的格式（先创建出私钥，再进行私钥拆分）实现，在保持了门限签名特性的同时减少了单点故障，成为门限签名的主流方案。

在业务应用中，门限签名方案可以用来构造有效的多方联合签名流程。相比传统数字签名方案，整个签名过程消除了由单一主体保管密钥带来的系统性单点故障风险，解决了跨机构信任问题。每位秘密分片持有者对签名私钥拥有平等的控制权。门限签名方案同时提供了私钥容灾恢复功能和外部匿名验证功能。

目前，使用数字签名的所有应用场景都适合用门限签名，其可以看作传统数字签名方案在分布式商业环境中的全面升级。因此，门限签名可以说是秘密共享技术商业化的重要方向之一，值得大家关注。

4.6.5　开发框架 FRESCO

FRESCO（FRamework for Efficient and Secure COmputation）是一个基于 Java 语言开发的隐私计算框架。该项目由丹麦的 Alexandra 研究所的安全实验室维护，采用商业友好的 MIT 许可证在 GitHub（https://github.com/aicis/fresco）上开源。

与 JIFF 框架不同，FRESCO 框架并没有设计服务器来帮助进行任务编排。同时，FRESCO 框架对底层协议通过抽象化接口封装，使得其可以支持多种不同的协议，其中最主要的有能对抗恶意敌方的 SPDZ 协议以及支持两方半诚实模型的 TinyTables 协议。目前，FRESCO 框架下的 SPDZ 协议只支持算术运算，TinyTables 协议只支持布尔运算。

与 JIFF 框架类似的是，每个参与方也都使用一个 ID 编号，隐私数据的输入和输出过程中都需要与 ID 编号进行绑定，明确隐私数据的来源以及最终隐私计算结果的去向。

另外，除了 FRESCO 之外，网上还有不少关于多方安全计算的开源项目和资料，一些技术爱好者整理出一个资源列表放在了 GitHub 上（https://github.com/rdragos/awesome-mpc），有兴趣的读者可关注、学习。

4.7　本章小结

从秘密共享的原理不难看出，参与秘密共享的计算方个数 n 越多，门限 t 的设置范围就越大，就可以通过设置较大的 t 来提高安全性。但是，n 越大，也意味着需要交互的次数越多、通信量越大。因此，我们在应用中需要综合考虑门限设置以及安全性的要求。

本章介绍的 JIFF 框架通过引入后勤服务器提升了隐私计算的容错性，隐私计算参与方无须时刻保持在线，程序员可以比较方便地编写出异步的隐私计算程序。另外，不同于 Obliv-C，JIFF 框架还支持两个以上的参与方参与隐私计算，适用场景更广一些。但是，在浮点数计算方面，其支持的计算精度有限，在使用时需要特别注意。

JIFF 的安全模型是基于半诚实安全假设的，因此不适合可能存在恶意参与方的场景。如果需要应对恶意参与方，建议考虑使用类似 FRESCO 等支持 SPDZ 协议的开发框架。

Chapter 3 第 5 章

同态加密技术的原理与实践

同态加密（Homomorphic Encryption）算法有着神奇的特性：可在密文上进行计算且计算结果解密后所得的结果与明文计算一致。由于同态加密算法对数学知识要求极高，作者能力有限，并且描述其数学原理并非本书重点，因此本章对同态加密算法的数学原理只做简单阐述。这里更多的是介绍大家平时可能使用到的 RSA、Paillier 算法所具备的同态特性。本章还会介绍一款基于 C++ 语言实现的同态加密的开发框架 SEAL。SEAL 支持多个操作系统平台，同时支持 .NET 开发。为了在实践中熟悉 SEAL 框架，我们实现了一个简单的算法：两点之间的距离计算。别看算法简单，真正让程序跑起来也有不小的挑战。

5.1 同态加密算法概述

5.1.1 同态加密算法的概念

同态加密算法是指满足同态运算性质的加密算法。而同态运算性质是指数据经过同态加密之后进行特定的计算，对得到的密文计算结果再进行对应的同态解密，所得结果等同于对明文数据直接进行相同的计算所得的结果。同态加密实现了数据的"可算不可见"。

举例来说，假设有一个加密函数 Enc，对明文 A 进行加密可得到密文 A'，即 Enc(A)=A'；对明文 B 进行加密可得到密文 B'，即 Enc(B)=B'。另外，还有一个解密函数 Dec 能够将密文解密成加密前的明文，即 Dec(A')=A。对于一般的加密函数，如果 A'+B'=C'，此时用解密函数 Dec 对 C' 进行解密，得到的结果一般是毫无实际意义的乱码。但是，如果 Enc 是一个满足同态运算性质的加密函数，对 C' 使用解密函数 Dec 进行解密得到的结果 C 将满足 C=A+B。同态加密的实现效果如图 5-1 所示。

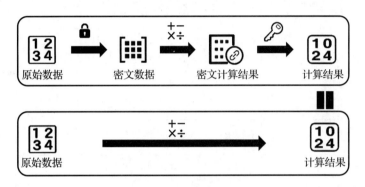

图 5-1　同态加密的实现效果示意图

5.1.2　同态加密算法的分类

按性质不同，同态加密算法一般可分为以下几类。

❑ 半同态加密（Partially Homomorphic Encryption，PHE）：支持对密文进行部分形式的计算，例如仅支持加法或者仅支持乘法操作。仅支持加法操作的称为加法同态加密算法，仅支持乘法操作的称为乘法同态加密算法。

❑ 类同态加密（Somewhat Homomorphic Encryption，SWHE）：也称为有限次同态加密，只支持在密文上进行有限次数的加法和乘法操作（操作次数过多，则会导致噪声过大而无法解密）。

❑ 全同态加密（Fully Homomorphic Encryption，FHE）：支持对密文进行任意形式的计算（同时支持加法操作和乘法操作，理论上只要支持加法和乘法操作就能支持其他类型的操作）。

根据上述分类，表 5-1 列出了各类同态加密算法下的不同方案。

表 5-1　各类同态加密算法

类　型		算　法	时　间	说　明	实际应用
半同态加密	乘法同态	RSA 算法	1977 年	非随机化加密，具有乘法同态性的原始算法面临选择明文攻击	在非同态场景中应用广泛
		ElGamal 算法	1985 年	随机化加密	数字签名标准（基于 ElGamal 数字签名算法的变体）
	加法同态	Paillier 算法	1999 年	应用最为成熟	联邦学习
类同态加密		Boneh-Goh-Nissim 方案	2005 年	支持任意次加法和一次乘法操作的同态运算	/
全同态加密		Gentry 方案	2009 年	第一代全同态加密，性能较差	/
		BGV 方案	2012 年	基于算术电路，可快速实现整数算术运算，相比第一代方案性能较好	IBM HElib 开源库
		BFV 方案	2012 年	基于算术电路，与 BGV 类似	微软 SEAL 开源库
		GSW 方案	2013 年	支持任意布尔电路，基于近似特征向量	Inpher TFHE 开源库
		FHEW 方案	2015 年	支持任意布尔电路，可实现快速比较	PALISADE 开源库
		TFHE 方案	2016 年	支持任意布尔电路，可实现快速比较	PALISADE 开源库
		CKKS 方案	2017 年	可实现浮点数近似计算	HElib 和 SEAL 开源库，适合机器学习建模场景

1. 半同态加密算法

典型的半同态加密算法包括乘法同态加密算法和加法同态加密算法。

（1）乘法同态加密算法

严格的乘法同态加密是指存在有效算法 $\otimes$，使得 $Enc(A)\otimes Enc(B)=Enc(A\times B)$ 或者 $Dec(Enc(A)\otimes Enc(B))=A\times B$ 成立，并且不泄露 A 或者 B 的信息。满足乘法同态特性的典型加密算法包括 1977 年提出的 RSA 算法和 1985 年提出的 ElGamal 算法等。

1）RSA 算法。RSA 算法是最为经典的公钥加密算法（2.1 节已有介绍），其安全性基于大整数素因子分解困难。在实际应用中，RSA 算法可选择使用 RSA_PKCS1_PADDING、RSA_PKCS1_OAEP_PADDING 等填充模式，根据密钥长度（常用 1024 位或 2048 位）对明文分组进行填充。目前，只有未采用填充模式的原始 RSA 算法才满足乘法同态特性。由于原始 RSA 算法在加密过程中没有使用随机因子，相同密钥加密相同明文所得的结果也是相同的，因此利用 RSA 的乘法同态性质实现同态加密运算存在安全弱点，攻击者可能通过选择明文攻击得到原始数据。接下来，我们根据之前介绍的 RSA 算法来检视一下 RSA 的乘法同态原理。

有了 2.1 节的基础，得出 RSA 的乘法同态原理就非常简单了，通过以下几步就可推理得出。

- ❑ 假设有两个明文数据 m_1 和 m_2，经 RSA 加密后的密文数据为 c_1 和 c_2；
- ❑ 易得 $(c_1 \times c_2)^d = (m_1^e \times m_2^e)^d = ((m_1 \times m_2)^e)^d$；
- ❑ 根据加密计算公式 $m^e \equiv c \pmod{n}$ 和解密计算公式 $c^d \equiv m \pmod{n}$，很容易得出 $(c_1 \times c_2)^d \equiv m_1 \times m_2 \pmod{n}$。

2）ElGamal 算法。ElGamal 算法是一种基于 Diffie-Hellman 离散对数困难问题的公钥加密算法，可实现公钥加密以及数字签名功能。ElGamal 是一种随机化加密算法（相同密钥、相同明文两次加密所得密文不同），且满足乘法同态特性，是同态加密国际标准中唯一指定的乘法同态加密算法。关于 ElGamal 算法的原理，本书就不展开介绍了。

（2）加法同态加密算法

严格的加法同态加密是指存在有效算法 $\oplus$，使得 $\text{Enc}(A) \oplus \text{Enc}(B) = \text{Enc}(A+B)$ 或者 $\text{Dec}(\text{Enc}(A) \oplus \text{Enc}(B)) = A+B$ 成立，并且不泄露 A 或者 B 的信息。满足加法同态特性的典型加密算法有 Paillier 算法。

Paillier 算法是一种基于合数剩余类问题的公钥加密算法，也是目前最为常用且最具实用性的加法同态加密算法。Paillier 算法通过将复杂计算需求以一定方式转化为纯加法的形式来实现。此外，Paillier 算法还可支持数乘同态，即支持密文与明文相乘。关于 Paillier 算法的原理，这里就不展开介绍了。Paillier 算法也是同态加密国际标准中唯一指定的加法同态加密算法。目前，Paillier 算法已在众多具有同态加密需求的场景中实现了落地应用。

2. 类同态加密算法

2005 年由 Boneh、Goh 和 Nissim 提出的 Boneh-Goh-Nissim 方案是第一个同时支持加法同态和乘法同态的加密算法，支持任意次加法操作和一次乘法操作。该方案中的加法同态基于类似 Paillier 算法的思想，而一次乘法同态基于双线性映射的运算性质。虽然该方案是双同态的（同时支持加法同态和乘法同态），但只能进行一次乘法操作，属于类同态加密算法。

3. 全同态加密算法

由于任何计算都可以通过加法和乘法门电路构造，因此加密算法只要同时满足乘法同态和加法同态特性，且运算操作次数不受限制就称其满足全同态特性。

全同态加密算法的发展起源于 2009 年 Gentry 提出的方案。目前，已在主流全同态加密开源库中得到实现的全同态加密算法包括 BGV 方案、BFV 方案、CKKS 方案等。

（1）Gentry 方案（第一代全同态加密方案）

Gentry 方案是一种基于电路模型的全同态加密算法，支持对每个比特进行加法和乘法同态运算。Gentry 方案的基本思想是在类同态加密算法的基础上引入 Bootstrapping 方法来控制运算过程中的噪声增长（类同态加密算法操作次数过多会导致噪声过大而无法解密），这也是第一代全同态加密方案的主流模型。Bootstrapping 方法通过将解密过程本身转化为同态运算电路，并生成新的公私钥对对原私钥和含有噪声的原密文进行加密，然后用原私钥的密文对原密文的密文进行解密过程的同态运算，即可得到不含噪声的新密文。也就是说，为了避免多次运算使得噪声扩大，Gentry 方案采用了计算一次就消除一次噪声的方法，而消除噪声的方法还是使用的同态运算。但是，由于解密过程本身的运算十分复杂，运算过程中也会产生大量噪声，因此需要预留足够的噪声增长空间，并对预先解密电路进行压缩、简化，即将解密过程中的一些操作尽量提前到加密时完成。

（2）BGV 和 BFV 方案（第二代全同态加密方案）

Gentry 方案之后的第二代全同态加密方案通常基于 LWE（Learning With Error，容错学习问题）和 RLWE（Ring Learning With Error，环上容错学习问题）假设，其安全性基于格困难问题，典型方案包括 BGV 方案和 BFV 方案等。BGV（Brakerski-Gentry-Vaikuntanathan）是目前主流的全同态加密算法中效率较高的方案。在 BGV 方案中，密文和密钥均以向量表示。BGV 方案采用模交换技术替代 Gentry 方案中的 Bootstrapping 过程，用于控制密文同态运算产生的噪声增长，而不需要通过复杂的解密电路实现。BFV（Brakerski/Fan-Vercauteren）方案是与 BGV 方案类似的另一种第二代全同态加密方案，同样可基于 LWE 和 RLWE 构造。BFV 方案不需要通过模交换进行密文噪声控制。目前，最主流的两个全同态加密开源库 HElib 和 SEAL 分别实现了 BGV 方案和 BFV 方案。

（3）GSW 方案（第三代全同态加密方案）

GSW（Gentry-Sahai-Waters）是一种基于近似特征向量的全同态加密方案。该方案基于 LWE 并可推广至 RLWE，但其性能不如 BGV 方案等其他基于 RLWE 的方案。GSW 方案的密文为矩阵形式，而矩阵相乘并不会导致矩阵维数的改变，因此 GSW 方案解决了以往方案中密文向量相乘导致的密文维数膨胀问题，无须进行降低密文维数的密钥交换。

（4）CKKS 方案（第三代全同态加密方案）

CKKS（Cheon-Kim-Kim-Song）方案支持针对实数或复数的浮点数加法和乘法同态运算，但是得到的计算结果是近似值。因此，它适用于不需要精确结果的场景，比如机器学习模型训练等。HElib 和 SEAL 两个全同态加密开源库均支持 CKKS 方案。

5.2　半同态加密算法实践

5.2.1　Paillier 加法同态

Paillier 算法是满足加法同态特性的加密算法，且应用比较广泛。我们在各编程语言中都比较容易找到实现该算法的函数库。这里使用 Python 的库 phe 来演示。为了方便读者快速使用，这里展示 Dockerfile 文件内容供读者参考进行 Paillier 算法环境搭建，如代码清单 5-1 所示。

代码清单5-1　构建使用Paillier算法环境的Docker镜像的代码

```
FROM ubuntu:20.04
RUN apt-get update && \
  apt-get install -y \
  python3-pip
RUN pip3 install phe
```

通过以下命令构建镜像并启动：

```
docker build -t paillier .
docker run -it --rm --name paillier paillier python3
```

这里尝试将两个数字 a 和 b 分别使用 Paillier 算法生成的公钥进行加密，然后在密文上执行加法操作，最后使用私钥进行解密，相关代码及其运行结果如代码清单 5-2 所示。

代码清单5-2　验证Paillier算法同态特性的代码及其运行结果

```
>>> from phe import paillier
>>> public_key, private_key = paillier.generate_paillier_keypair()
>>> a = 3.141592653
>>> b = 300
>>> encrypted_a = public_key.encrypt(a)
>>> encrypted_b = public_key.encrypt(b) * 2
>>> encrypted_c = encrypted_a + encrypted_b    # Paillier支持加法同态
>>> print(private_key.decrypt(encrypted_c))
603.141592653
```

最后的输出结果完全符合我们对 Paillier 加法同态加密算法的预期。

5.2.2　RSA 乘法同态

RSA 算法是满足乘法同态特性的加密算法。我们在各编程语言中也比较容易找到实现该算法的函数库。这里使用 Python 的库 gmpy2 来演示。为了方便读者快速使用，这里展示 Dockerfile 文件内容供读者参考进行 RSA 算法环境搭建，如代码清单 5-3 所示。

代码清单5-3　构建使用RSA算法环境的Docker镜像的代码

```
FROM ubuntu:20.04
RUN apt-get update && \
  apt-get install -y \
  python3-pip python3-gmpy2
RUN pip3 install pycryptodome
```

通过以下命令构建镜像并启动：

```
docker build -t rsa
docker run -it --rm --name rsa rsa python3
```

这里尝试将两个数字 a 和 b 使用 RSA 算法生成的公钥加密，然后在密文上执行乘法操作，最后使用私钥进行解密，相关代码及其运行结果如代码清单 5-4 所示。

代码清单5-4　验证RSA算法同态特性的代码及其运行结果

```
>>> import gmpy2
>>> from Crypto.PublicKey import RSA
>>> RSA_BITS = 2048
>>> RSA_EXPONENT = 65537
>>> private_key = RSA.generate(bits=RSA_BITS, e=RSA_EXPONENT)
>>> public_key = private_key.publickey()
```

```
>>> a = 15
>>> b = 5
>>> encrypted_a = gmpy2.powmod(a, public_key.e, public_key.n)
>>> encrypted_b = gmpy2.powmod(b, public_key.e, public_key.n)
>>> encrypted_c = encrypted_a * encrypted_b  # RSA支持乘法同态
>>> decrypted = gmpy2.powmod(encrypted_c, private_key.d, private_key.n)
>>> print(decrypted)
75
```

最后的输出结果符合我们对 RSA 乘法同态加密算法的预期。

5.3　开发框架 SEAL

在验证加法同态的神奇特性后，接下来我们隆重介绍全同态加密开发框架 SEAL（Simple Encrypted Arithmetic Library，简单加密运算库）。SEAL 是微软密码学与隐私研究组开发的开源全同态加密库，支持 BFV 方案和 CKKS 方案，支持基于整数的精确同态运算和基于浮点数的近似同态运算。该项目采用商业友好的 MIT 许可证在 GitHub 上（https://github.com/microsoft/SEAL）开源。

SEAL 基于 C++ 实现，不需要其他依赖库，但一些可选功能需要微软 GSL、ZLIB 和 Google Test 等第三方库的支持。SEAL 支持 Windows、Linux、macOS、FreeBSD、Android 等操作系统，同时支持 .NET 开发。

在噪声管理方面，SEAL 库中每个密文拥有一个特定的噪声预算量，需要在程序编写过程中通过重线性化（见 5.3.5 节）操作自行控制乘法运算产生的噪声。基于 SEAL 库实现同态加密运算的性能在很大程度上取决于程序编写的优劣，且存在不同的优化方法。SEAL 库提供的加密类型非常有限。总体而言，SEAL 库存在一定的学习和使用难度。当然，相信这一点难度是挡不住读者去尝试了解和使用 SEAL 库的。

5.3.1　加密参数设置

很多加密算法会提供参数设置来适应不同的安全等级或者应用场景，SEAL 也不例外。SEAL 采用的同态加密算法基于多项式环，将同态加密算法涉及的相关参数统一封装在 EncryptionParameters 类中（构造该类的对象时需要传入方案类型），目前支持 BFV 和 CKKS 两种方案。EncryptionParameters 主要涉及 3 个加密参数。

1. 多项式模的次数 poly_modulus_degree

多项式模的次数直接影响计算性能和安全级别，该值越大，性能越差，但安全性越高。多项式模的次数必须为 2 的幂次方，推荐使用 1024、2048、4096、8192、16 384 或 32 768。

2. 系数模数 coeff_modulus

系数模数本身是一个大整数，是一系列不同素数的乘积，其中每个素数最多占 60 个比特位长。这些素数维护在一个素数向量中，每个素数代表一个 Modulus 类的实例。系数模数的比特位长是向量中所有素数比特位长的总和。系数模数值越大，意味着加密计算时能容纳计算产生的噪声越多（也就是说计算能力越强）。但系数模数的比特位长度也是有上限的，这取决于 poly_modulus_degree 的值。表 5-2 就是两者的对应关系。

表 5-2　poly_modulus_degree 对应的系数模数的最大比特位长

poly_modulus_degree	coeff_modulus 的最大比特位长
1024	27
2048	54
4096	109
8192	218
16 384	438
32 768	881

SEAL 提供了一些辅助方法来选择系数模数，包括 CoeffModulus::BFVDefault(poly_modulus_degree) 函数。该函数根据 poly_modulus_degree 的值返回一个素数向量，以便用来设置系数模数。但是从方法名称可以看出，该辅助方法仅适用于 BFV 方案。

对于 CKKS 方案，用户需要手工设置系数模数。设置系数模数的示例如代码清单 5-5 所示。

代码清单5-5　CKKS方案设置系数模数的代码示例

```
// 采用CKKS方案
EncryptionParameters parms(scheme_type::ckks);
//多项式模的次数8192对应的最长比特位长为218
size_t poly_modulus_degree = 8192;
parms.set_poly_modulus_degree(poly_modulus_degree);
//以下所有素数比特位长的总和为200，低于上限218，符合要求
parms.set_coeff_modulus(CoeffModulus::Create(poly_modulus_degree, { 60, 40, 40, 60 }));
```

需要注意的是，组成 coeff_modules 的素数向量中的素数个数决定了能进行重缩放的次数（将在 5.3.6 进一步描述），进而决定能执行的乘法操作的次数。因此，该系列数字的选择不是随意的，有以下要求。

1）总位长不能超过表 5-2 所述的限制。

2）最后一个参数为特殊模数，其值应该与其他模数中的最大值相等。

3）中间模数与 scale（第 5.3.2、5.3.4、5.3.6 节将对 scale 进行相关描述）尽量相近。

3. 明文模数 plain_modulus

明文模数仅适用于 BFV 方案。明文模数可以是至多 60 个比特位长的任意整数。但在批处理时，明文模数必须是素数。SEAL 也提供了辅助函数 PlainModulus::Batching 来帮助我们获取这样的素数。明文模数的大小决定了在乘法运算中明文数据可容纳的噪声大小，该值越大，容纳噪声越大，但也意味着计算性能越差。

设置上所述 3 个参数时，我们需要综合考虑计算性能和计算能力的要求，在两者之间做好平衡。选定好参数后通过 SEALContext context(parms) 构造 SEALContext 上下文对象来实现参数设置。BFV 方案典型的参数设置示例如代码清单 5-6 所示。

代码清单5-6　BFV方案参数设置示例

```
// 采用BFV方案
EncryptionParameters parms(scheme_type::bfv);
size_t poly_modulus_degree = 8192;
parms.set_poly_modulus_degree(poly_modulus_degree);
// 采用默认的BFV系数模数
parms.set_coeff_modulus(CoeffModulus::BFVDefault(poly_modulus_degree));
// 辅助函数设置明文模数：选取20个比特位长的素数
parms.set_plain_modulus(PlainModulus::Batching(poly_modulus_degree, 20));
SEALContext context(parms);
```

5.3.2　密钥生成与加解密

SEAL 属于公钥加密方案，公钥用于加密数据，私钥用于解密。密钥生成与加解密涉及以下几个关键类。

1. KeyGenerator 类

密钥由 KeyGenerator 类统一生成，在创建该类对象实例时私钥会被自动创建，并且可以通过 create_public_key 函数创建多个公钥。

2. Encryptor 类

数据加密由 Encryptor 类完成，构造该类对象实例时一般只需传入公钥，但在对加密数据进行序列化操作时如果能向 Encryptor 类对象实例提供私钥，则可以在序列化时使用私钥模式来压缩序列化数据的大小。

3. Plaintext 类

参与计算的明文数据需要通过 Plaintext 类进行封装。在 BFV 方案中，为了提升计算性能，我们可以选择使用 BatchEncoder 类来实现批处理。在 CKKS 方案中，我们也需要使用 CKKSEncoder 类对象来封装明文数据。同时，CKKS 方案中的明文浮点数需要放大成整数后再进行处理，具体放大规模需要在使用 CKKSEncoder 类对象对明文数据进行编码时通过 scale 参数传入。scale 值不应太小，虽然大的规模会导致运算时间增加，但能确保噪声被正确地舍去、解密能正常进行。

4. Ciphertext 类

Ciphertext 类用来表示同态加密后的数据。该类对象可由明文数据（Plaintext）对象经过 Encryptor 类对象加密转变而来，或者由其他密文数据对象进行同态加密计算而来。

5. Decryptor 类

同态加密计算过程中产生的对象仍然是密文数据对象，最后的计算结果需要使用 Decryptor 类对象进行解密，从而转换成明文数据对象。如果使用的是 CKKS 方案，我们还需要使用 CKKSEncoder 类对象对明文数据对象进行解码。

代码清单 5-7 为 CKKS 方案的密钥生成及数据加解密示例（BFV 方案类似且更简单）。

代码清单5-7　CKKS方案的密钥生成及数据加解密示例

```
//创建密钥生成器对象
KeyGenerator keygen(context);
PublicKey public_key;
//创建公钥
keygen.create_public_key(public_key);
//获取私钥
auto secret_key = keygen.secret_key();
//设置scale为40个比特位，对应上文coeff_modules设置
double scale = pow(2.0, 40);
```

```
//创建对明文数据进行编码的编码器
CKKSEncoder encoder(context);
Plaintext x_plain;
//对数字1.23编码并转成Plaintext对象，其最后会转成向量形式
encoder.encode(1.23, scale, x_plain);
//根据公钥生成加密器
Encryptor encryptor(context, public_key);
Ciphertext x_encrypted;
//加密器将明文数据对象加密成密文数据对象
encryptor.encrypt(x_plain, x_encrypted);
Plaintext x_decrypted;
//根据私钥生成解密对象
Decryptor decryptor(context, secret_key);
//解密器解密密文对象生成明文对象
decryptor.decrypt(x_encrypted, x_decrypted);
//计算结果也是向量
vector<double> result;
//解码获得最终结果
encoder.decode(x_decrypted, result);
```

5.3.3　层的概念

上面提到 SEAL 使用 SEALContext 类来记录各加密参数、维护上下文。其实，在创建 SEALContext 对象时，SEAL 还会自动创建一条模切换链，这是一条从原有加密参数集衍生出来的加密参数链。这条链可分成不同层。处于最高层的参数集（模系数）与原有参数集一致，被称作密钥层。上一层链的参数集去掉该层排在最后的参数构成下一层链的参数集，直到下一层的参数集不再有效（比如 plain_modulus 明文模数比参数集中剩下的素数都大）。密钥层下面的各层被称作数据层。下面给出一个自定义模系数为"{ 50, 30, 30, 50, 50 }"时生成的模切换链示例，如图 5-2 所示。

SEAL 在 Evaluator 类（密文计算类，将在第 5.3.4 描述）中提供 mod_switch_to_next 函数来将密文数据对象当前所在的层切换到下一层，还提供 mod_switch_to 函数来将密文数据对象当前所在的层切换到指定层（只能向低层切换）。为什么还要向低层切换呢？原因在于密文数据的大小与模系数中的素数个数成正比。如果后续不再需要进行密文计算，那么在把密文发给解密方前切换到最底层不但可以减小密文大小、提升发送效率，还可以为解密方提升解密效率（解密器在模切换链的任何一层都可以解密）。

```
                   special prime +---------+
                                           |
                                           v
   coeff_modulus: { 50, 30, 30, 50, 50 }  +---+  Level 4 (all keys; `key level')
                                               |
                                               |
       coeff_modulus: { 50, 30, 30, 50 }  +---+  Level 3 (highest `data level')
                                               |
                                               |
           coeff_modulus: { 50, 30, 30 }  +---+  Level 2
                                               |
                                               |
               coeff_modulus: { 50, 30 }  +---+  Level 1
                                               |
                                               |
                   coeff_modulus: { 50 }  +---+  Level 0 (lowest level)
```

图 5-2　模切换链示例

SEAL 在 SEALContext 类中提供了 key_context_data、first_context_data、next_context_data 等函数来遍历模切换链各层，示例如代码清单 5-8 所示。

代码清单5-8　遍历模切换链各层的示例

```cpp
//获取密钥层上下文数据
auto context_data = context.key_context_data();
//输出密钥层所在层的编号
cout << context_data->chain_index() << endl;
cout << hex;
//遍历该层模系数
for (const auto &prime : context_data->parms().coeff_modulus())
{
    cout << prime.value() << " ";   //输出模系数所用的素数
}
cout << dec << endl;
//获取数据层上下文数据
context_data = context.first_context_data();
while (context_data) //遍历数据层各层
{
    //输出密文数据对象当前所在层的编号
    cout << context_data->chain_index() << endl;
    //转到下一层
    context_data = context_data->next_context_data();
}
```

5.3.4　密文计算

在 SEAL 中，基于加密数据的操作均使用 Evaluator 类来实现。一般情况下，实际应用中构建 Evaluator 对象并进行密文计算的计算方不持有私钥。目前，SEAL 支持的密文计算操作主要有加法、减法、乘法、平方等（包括密文与密文之间的计算、密文与明文之间的计算），其他如除法、比较等运算均需要自己编写代码实现。

我们需要特别注意密文计算的几个限制。

1）参与运算的数据必须位于同一层，使用同一组参数进行加密。
2）数据只能转到所在层的下层。
3）参与加法或者减法的数据 scale 值必须相同。

针对上述限制，我们可以通过输出 Ciphertext 类的 scale、parms_id 以及 SEALContext 类的 get_context_data 来确认即将进行操作的数据是否满足 scale 值相同、用同一组参数进行加密、位于链上的同一层这些计算条件。查看 scale 值的示例如代码清单 5-9 所示。

代码清单5-9　查看数据scale值的代码示例

```
Ciphertext x, xsquare;
encryptor.encrypt(x_plain, x);
Evaluator evaluator(context);
evaluator.square(x, xsquare);
//查看xsquare所在层的编号
cout << context.get_context_data(xsquare.parms_id())->chain_index() << endl;
//查看xsquare的scale值
cout << xsquare.scale() << endl;
```

5.3.5　重线性化

密文乘法计算会使密文计算结果的所用空间变大，导致噪声容忍度变小。另外，大密文的计算资源消耗更大，因此 SEAL 引入了重线性化。重线性化是一种将密文的大小恢复到初始大小的操作。即使重线性化本身有较大的计算成本，在乘法计算后（下次乘法计算前）对密文计算结果进行重线性化，仍然可以对抑制噪声增长和提升性能产生积极影响。因此，重线性化是采用 SEAL 编码时进行性能优化的重要手段。

重线性化需要特殊的重线性化密钥（可视为一种公钥）。使用 create_relin_keys 函数可以很容易地创建重线性化密钥。重线性化在 BFV 和 CKKS 方案中的使用方法类似。

代码清单 5-10 为重线性化的代码片段。

代码清单5-10 重线性化示例

```
Encryptor encryptor(context, public_key);
Ciphertext x_encrypted;
encryptor.encrypt(x_plain, x_encrypted);
RelinKeys relin_keys;
//创建重线性化密钥
keygen.create_relin_keys(relin_keys);
Evaluator evaluator(context);
Ciphertext x_squared;
//加密计算平方操作
evaluator.square(x_encrypted, x_squared);
//平方操作后执行重线性化
evaluator.relinearize_inplace(x_squared, relin_keys);
```

5.3.6 重缩放

上面提到 CKKS 方案在采用 CKKSEncoder 进行编码时需要设置 scale 参数，系统根据该参数将浮点数缩放成整数。然而，密文相乘之后，scale 值也会增大，并且任何密文的 scale 值都不应该太接近于 coeff_modulus 的总比特位长，否则容易出现无法存放缩放后的新数据的情况。因此，CKKS 方案提供了重缩放功能来减缓 scale 值因为乘法操作而产生的扩张（密文加减操作不需要进行重缩放）。

通常情况下，scale 值是需要精心控制的，这也就是 CKKS 方案中 coeff_modulus 需要精心选择的原因。假设密文的 scale 值为 S，而当前数据层（不是密钥层，特殊模系数不参与重缩放）中参数集的最后一个素数是 P，如果重缩放到下一层，密文的 scale 值将变为 S/P。重缩放类似于 5.3.3 节中提到的模切换操作。在模切换过程中，参数集中的最后一个素数被去除，相应的密文的 scale 值也会减小。由此可见，coeff_modulus 中素数的个数限制了重缩放的次数，从而限制了可进行的乘法操作的深度。

经验总结，CKKS 方案中比较好的 coeff_modulus 参数选择策略如下。

1）第一个参数选择长度稍长的素数（比如 60 比特），这样在解密时可以获得较高的精度；

2）最后一个参数长度同第一个参数（比如也选择 60 比特），这是特殊素数，必须和其他参数中最大的素数长度一样；

3）中间的素数长度一样长。

这里给出两组 poly_module_degree 为 8196 时的参数：

```
poly_module_degree = 8196; coeff_modulus={60,40,40,60}; scale = 2^40
poly_module_degree = 8196; coeff_modulus={50,30,30,30,50}; scale = 2^30
```

SEAL 在 Evaluator 类中提供了 rescale_to、rescale_to_next 等几个函数来实现密文的重缩放功能。但这里还有一个需要特别注意的问题，不同的密文在不同的层上进行重缩放（重缩放使用的素数 P 可能不同）可能导致 scale 值不一样，或者各个密文本身设置的 scale 值就不一样，这都会导致各密文之间无法进行加法或者减法运算。示例如代码清单 5-11 所示。

代码清单5-11　因密文数据之间scale值不同而无法计算的示例

```
double scale1 = pow(2.0, 40), scale2 = pow(2.0, 80);;
encoder.encode(1.1, scale1, x_plain);
encoder.encode(2.2, scale2, y_plain);
encryptor.encrypt(x_plain, x);
encryptor.encrypt(y_plain, y);
// x和y的scale值不同, 此处会抛scale mismatch错误
evaluator.add_inplace(x, y);
```

此时，如果需要对各密文进行加法或者减法操作，我们就需要将 scale 值统一重缩放到相同的值。一般有两种方法：一种是直接设置数据的 scale 值，使 scale 值相同；另一种是将 1 编码成合适的 scale 值后与其中一个密文数据相乘，以达到两数 scale 值相同的目的。通常情况下，前一种方法更简单、直接。当然，两数操作需满足位于同一层的条件，如果不在同一层可以使用 mod_switch_to 函数进行切换。示例如代码清单 5-12 所示。

代码清单5-12　使用mod_switch_to函数进行层切换的示例

```
parms.set_coeff_modulus(CoeffModulus::Create(
  poly_modulus_degree, { 60, 40, 40, 60 }));
//假设生成的模素数分别为P0、P1、P2、P3, 这里P3是特殊模素数, 不参与重缩放
double scale = pow(2.0, 40);                      // scale值为2^40
encoder.encode(1.1, scale, x_plain);
encryptor.encrypt(x_plain, x);                    // x在level 2, scale值为2^40
evaluator.square(x, xsq);                         // xsq在level 2, scale值为2^80
evaluator.rescale_to_next_inplace(xsq);           // xsq层变为level 1, 且重缩放到2^80/P2
parms_id_type last_parms_id = xsq.parms_id();     // 获取xsq所在层的最后一个参数编号
evaluator.mod_switch_to_inplace(x, last_parms_id);// x切换到xsq同一层
```

```
cout << (xsq.scale() == x.scale()) << endl; // x与xsq的scale值不等，此处输出为0
xsq.scale() = pow(2.0, 40);                  // 2^80/P2接近于2^40，设置xsq的scale值为2^40
evaluator.add_inplace(xsq, x);               // xsq和x的scale值相同且在同一层，可相加
```

5.3.7　通过 Docker 构建环境

为了方便读者快速使用，这里列出用于构建 SEAL 运行环境的 Docker 镜像的代码供读者参考，如代码清单 5-13 所示。

代码清单5-13　构建SEAL运行环境的Docker镜像的代码

```
FROM ubuntu:20.04
WORKDIR /root
ENV DEBIAN_FRONTEND noninteractive
RUN apt-get update && apt-get install -y git cmake clang-7 build-essential && \
  rm -rf /var/lib/apt/lists/*
COPY SEAL ./SEAL
RUN git clone https://github.com/microsoft/SEAL.git
WORKDIR /root/SEAL
RUN cmake -S . -B build && cmake --build build && cmake --install build
#可以将宿主机中的代码挂载到容器的projects目录，使用容器进行编译和运行
VOLUME ["/root/projects"]
WORKDIR /root/projects
```

使用如下命令编译 Docker 镜像：

```
docker build -t seal .
```

5.4　应用案例：距离计算

针对同态加密的特性，一些科研工作者已经开始考虑将其用在基因分析领域：个人基因信息属于隐私需要保护，利用同态加密将个人基因信息加密后发送到云端，在云端使用同态加密算法对加密后的个人基因数据与致病基因进行编辑距离等分析。图 5-3 是利用同态加密技术进行云端基因分析示意图，如果这一技术能够落地，毫无疑问将会成为基因治疗领域的重大突破。

近年来，针对基因分析的数据隐私和安全性问题，每年都会举办 iDASH 大赛，这也是国际上在隐私保护和安全计算方面最高规格的竞赛（http://www.humangenomeprivacy.org/）。除了 SGX 以及多方安全计算赛道外，大赛还设置了同态加密赛道，可见国际对

同态加密算法的重视。

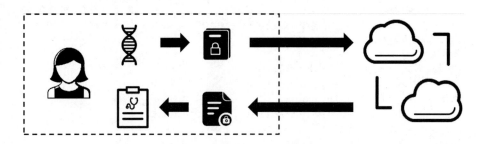

图 5-3　利用同态加密技术进行云端基因分析示意图

　　当然，基因分析计算是比较复杂的，接下来以计算两点之间的平面距离为例来讲解如何使用 SEAL 实现类似的算法。例如，客户端的隐私数据坐标为（$x1, y1$），客户端将其加密后发给服务器端，服务器端基于同态加密技术计算客户端坐标（$x1, y1$）与服务器端坐标（$x2, y2$）之间的距离，最后将计算结果返给客户端进行解密。当然，整个过程中只有客户端拥有私钥，服务器端是无法洞悉客户端的数据信息的。

1. 客户端生成密钥并加密数据

　　首先是客户端生成密钥并加密数据。为了简化操作，客户端将加密数据序列化并保存到本地文件中。以下为客户端生成密钥、加密数据并完成序列化的示例，如代码清单 5-14 所示。

代码清单5-14　客户端进行同态加密的示例

```cpp
#include <fstream>
#include "seal/seal.h"
using namespace std;
using namespace seal;
int main()
{
  // 保存加密参数
  fstream parms_ostream("encryption_parms.raw", ios_base::out | ios::binary);
  // 保存私钥
  fstream sk_ostream("client_sk.raw", ios_base::out | ios::binary);
  // 保存加密后的数据
  fstream data_ostream("encrypted_data.raw", ios_base::out | ios::binary);
  EncryptionParameters parms(scheme_type::ckks);
  size_t poly_modulus_degree = 8192;
  parms.set_poly_modulus_degree(poly_modulus_degree);
```

```
parms.set_coeff_modulus(CoeffModulus::Create(poly_modulus_degree, { 60, 40, 40, 60 }));
SEALContext context(parms);
parms.save(parms_ostream);                           //保存加密参数到本地文件中
cout << "EncryptionParameters saved to encryption_parms.raw"<< endl;
KeyGenerator keygen(context);
PublicKey public_key;
keygen.create_public_key(public_key);                //创建公钥
auto secret_key = keygen.secret_key();
secret_key.save(sk_ostream);                         //保存私钥到本地文件中
cout << "secret_key saved to client_sk.raw"<< endl;
double scale = pow(2.0, 40);
CKKSEncoder encoder(context);
Plaintext x1, y1;                                    //坐标（x1, y1）
encoder.encode(1.3, scale, x1);
encoder.encode(1.5, scale, y1);
Encryptor encryptor(context, public_key);            //使用公钥加密
encryptor.set_secret_key(secret_key);                //为了减小密文大小，提供私钥
encryptor.encrypt_symmetric(x1).save(data_ostream);  //以压缩方式保存加密数据
encryptor.encrypt_symmetric(y1).save(data_ostream);
cout << "encrypted data saved to encrypted_data.raw"<< endl;
return 0;
}
```

通过如下命令进入容器并编译、运行：

```
docker run -it --rm --name seal -v C:\ppct\seal:/root/projects seal /bin/bash
mkdir build
cmake ..
make
./client-setup
```

运行成功后，我们即可在本地目录中看到生成的 3 个文件，其中 encrypted_data. raw 和 encryption_parms.raw 两个文件是提供给服务器端的文件。虽然采用了压缩方式保存加密数据，但 encrypted_data.raw 文件大小仍然达到了 300KB（如不提供私钥，直接序列化保存，该文件大小将达到 600KB）。

2. 服务器端计算距离

服务器端获取文件并加载后即可计算两点距离，计算完毕后以文件的形式将密文计算结果保存到本地，如代码清单 5-15 所示。

代码清单5-15　服务器端进行密文计算的示例

```
#include <fstream>
#include "seal/seal.h"
```

```cpp
using namespace std;
using namespace seal;
int main()
{
    // 读取加密参数
    fstream parms_istream("encryption_parms.raw", ios_base::in | ios::binary);
    // 读取客户端加密数据
    fstream data_istream("encrypted_data.raw", ios_base::in | ios::binary);
    // 保存计算结果
    fstream result_ostream("encrypted_result.raw", ios_base::out | ios::binary);
    EncryptionParameters parms;
    parms.load(parms_istream);              // 从文件中加载加密参数
    cout << "EncryptionParameters loaded from encryption_parms.raw" << endl;
    SEALContext context(parms);
    Evaluator evaluator(context);
    Ciphertext x1, y1;                      // 客户端加密数据
    x1.load(context, data_istream);         // 从文件中加载客户端加密数据
    y1.load(context, data_istream);
    cout << "encrypted data loaded from encrypted_data.raw" << endl;
    double scale = pow(2.0, 40);
    CKKSEncoder encoder(context);
    Plaintext x2, y2;                       // 服务器端坐标数据
    encoder.encode(2.3, scale, x2);
    encoder.encode(2.5, scale, y2);
    Ciphertext encrypted_x, encrypted_y, encrypted_result;
    evaluator.sub_plain(x1, x2, encrypted_x); //开始计算两点距离
    evaluator.sub_plain(y1, y2, encrypted_y);
    evaluator.square_inplace(encrypted_x);
    evaluator.square_inplace(encrypted_y);
    // 最后的开平方根留给客户端计算
    evaluator.add(encrypted_x, encrypted_y, encrypted_result);
    // 保存密文计算结果到本地文件
    encrypted_result.save(result_ostream);
    cout << "encrypted result saved to encrypted_result.raw" << endl;
    return 0;
}
```

编译并运行服务器端程序后，我们即可在本地目录中看到生成的用于保存密文结果的文件 encrypted_result.raw（该文件大小将近 500KB）。

3. 客户端解密计算结果

服务器端将保存密文结果的文件发送给客户端，由客户端自行解密。客户端解密的示例如代码清单 5-16 所示。

代码清单5-16　客户端对密文进行同态解密的示例

```cpp
#include <fstream>
#include <iomanip>
#include <math.h>
#include "seal/seal.h"
using namespace std;
using namespace seal;
int main()
{
  // 加载加密参数
  fstream parms_istream("encryption_parms.raw", ios_base::in | ios::binary);
  // 加载私钥
  fstream sk_istream("client_sk.raw", ios_base::in | ios::binary);
  // 加载密文结果
  fstream result_istream("encrypted_result.raw", ios_base::in | ios::binary);
  EncryptionParameters parms;
  parms.load(parms_istream);                         // 加载加密参数
  cout << "EncryptionParameters loaded from encryption_parms.raw" << endl;
  SEALContext context(parms);
  SecretKey sk;
  sk.load(context, sk_istream);                      // 加载私钥
  cout << "client_sk loaded from client_sk.raw" << endl;
  Decryptor decryptor(context, sk);
  CKKSEncoder encoder(context);
  Ciphertext encrypted_result;
  encrypted_result.load(context, result_istream);    // 加载密文计算结果
  cout << "encrypted_result loaded from encrypted_result.raw" << endl;
  Plaintext plain_result;
  decryptor.decrypt(encrypted_result, plain_result); // 解密计算结果
  vector<double> result;
  encoder.decode(plain_result, result);
  // 进行开平方根计算并输出结果
  cout << "Result: " << sqrt(result[0]) << endl;
  return 0;
}
```

　　编译并运行客户端解密程序后，我们即可获得最终明文计算结果"Result:
1.41421"。可以看到，结果符合预期。当然，上述代码示例还可以进行一些优化，比如
按5.3.3节所述的在密文保存之前先切换到数据层底层，以减小密文数据的大小。（这有
利于密文计算结果的传输和解密。）

5.5　扩展阅读

5.5.1　标准化进展

1. 半同态加密标准化

2019 年 5 月，国际标准化组织发布了同态加密标准（ISO/IEC 18033-6:2019）。该标准仅涉及半同态加密，具体包含两种较为成熟的半同态加密机制：ElGamal 乘法同态加密和 Paillier 加法同态加密，并规定了参与实体的参数和密钥生成、数据加密、密文数据解密、密文数据同态运算等步骤的具体过程。

2. 全同态加密标准化

2017 年 7 月，来自学术界、工业界和政界相关领域研究人员组成了全同态加密标准化开放联盟，在微软研究院举办了首届全同态加密标准化研讨会，开始共同推进全同态加密标准草案的编写工作，并发布了全同态加密安全标准、API 标准、应用标准三份白皮书。在标准化进展方面，全同态加密标准化开放联盟于 2018 年 3 月和 11 月分别发布和更新了全同态加密标准草案。

5.5.2　HElib

HElib 是 IBM 的同态加密开源软件库，基于 C++ 语言，底层依赖于 NTL 数论运算库和 GMP 多精度运算库实现。HElib 实现了 BGV 方案和 CKKS 方案。同时，HElib 在上述原始方案中引入了许多优化方法以加速同态运算。HElib 提供了一种同态加密汇编语言，支持 set、add、multiply、shift 等基本操作指令，此外还提供了自动噪声管理、改进的 Bootstrapping 方法、多线程等功能。目前，HElib 支持在 Ubuntu、CentOS、macOS 等操作系统上进行安装和部署。IBM 在 GitHub 上还开源了基于 HElib 开发的面向 macOS 和 iOS 操作系统的全同态加密工具包，提供了基于 Xcode 的全同态加密 SDK，以及面向 Linux 的工具包。因此，HElib 也是非常值得关注的一个项目。

5.5.3　PALISADE

PALISADE 是 DAPAR（Defense Advanced Research Projects Agency，美国国防部高级研究计划局）、IARPA（Intelligence Advanced Research Projects Activity，美国情报高级研究计划局）以及 Duality 等公司资助的全同态加密开源库，以 BSD 2-Clause 协议

在 GitLab 上开源。PALISADE 基于 C++ 语言，支持在 Linux、Windows、macOS 等操作系统上进行安装和部署。PALISADE 遵从全同态加密标准化开放联盟发布的关于同态加密的安全标准，支持 BGV、BFV、CKKS、FHEW 和 TFHE 方案。PALISADE 还提供了后量子公钥加密、代理重加密、门限全同态加密、基于身份的加密和数字签名等方面的支持。PALISADE 是各同态加密开源项目中支持方案最多，且性能较好的项目，因此非常值得关注。

5.6 本章小结

半同态加密相对容易实现，实际应用较多。全同态加密具有良好的数学特性，是目前理论研究的重点。但是，全同态加密存在计算复杂、运算速度慢、密文显著扩张、需要大量计算资源支持等问题。虽然国际上全同态加密标准制定的步伐加快，但是实际应用中仍存在较多挑战。

本章介绍的 SEAL 是开源全同态加密库，其 CKKS 方案可以支持浮点数运算，但是使用方法比较复杂，学习和使用难度较高。其支持的操作类型也比较有限，缺少对除法、比较等常用运算操作的支持。对于稍微复杂一些的计算，其开发难度急剧上升，并且加密后的密文数据非常大，应用程序性能需要程序员精心优化。

其他全同态加密算法库的学习和使用难度也都普遍较高。2019 年美国情报高级研究计划局（IARPA）针对同态加密技术宣布了 HECTOR（Homomorphic Encryption Computing Techniques with Overhead Reduction）计划，其中一个目的是解决同态加密学习和使用难度高的问题。

第 6 章　Chapter 6

零知识证明技术的原理与实践

零知识证明（Zero-Knowledge Proof，ZKP）技术同"百万富翁"问题一样有趣，指的是证明者能够在不向验证者提供任何有用信息的情况下，使验证者相信某个论断是正确的，允许证明者（Prover）、验证者（Verifier）证明某项提议的真实，却不必泄露除了"提议是真实的"之外的任何信息。

本章将开启零知识证明话题，阐述零知识证明算法的原理，然后介绍一款基于 C++语言实现的零知识证明开发框架 libsnark。照例，为了实践并熟悉 libsnark 框架，本章使用该框架实现了一个小案例。考虑到零知识证明经常用于区块链应用，本章还将进一步介绍区块链应用中经常用到的一种特殊的零知识证明的场景和原理。

6.1　零知识证明技术的算法原理

零知识证明技术最初由 S.Goldwasser、S.Micali 及 C.Rackoff 在 1985 年提出，早期其由于效率和可用性等限制，仅停留在理论层面，未能得到广泛应用。近年来随着理论研究的不断突破，火热的区块链技术也在不断为零知识证明创造大展拳脚的机会，零知识证明技术开始逐步走进更多技术人员的视野。那么，究竟什么是零知识证明呢？这就需要我们先从交互式零知识证明说起。

6.1.1 交互式零知识证明

这里以大家熟知的数独游戏为例来展开介绍零知识证明。假设有两个人 Vicky 和 Patty，有一天，Patty 告诉 Vicky 自己花了半天时间解出了一道极难的数独游戏题，而喜欢挑战的 Vicky 自然也想尝试一下。但他又担心 Patty 是在拿无解的数独题目来开玩笑，希望 Patty 能证明题目有解。显然，如果 Patty 直接告诉 Vicky 答案，Vicky 也就无法自己独立完成题目，从而无法享受游戏的乐趣了。为此，两人设计了一种证明方案，方案分为以下几个阶段。

1. 承诺阶段

首先，Patty 将写有答案的数独盘面按数字剪成小纸片，并按照原顺序摆放在桌子上，且题目中的原有数字正面朝上，答案部分正面朝下，如图 6-1 所示。这样，Vicky 得到的信息和题目完全一致。我们称桌上纸片的放置为 Patty 的"承诺"。该阶段为承诺阶段。

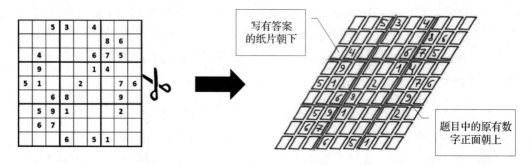

图 6-1 Patty 的承诺

2. 挑战阶段

如图 6-2 所示，Vicky 可以选择按行、列或者九宫格的方式要求 Patty 证明。比如 Vicky 选择按列方式挑战。该阶段为挑战阶段。

3. 回应挑战阶段

如图 6-3 所示，Patty 将桌面上每一列的 9 张纸片装入一个盒子，并且打乱纸片顺序进行混淆，然后将所有盒子交给 Vicky，作为挑战的回应。该阶段为回应挑战阶段。

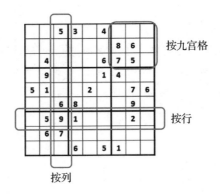

图 6-2　Vicky 选择挑战方式

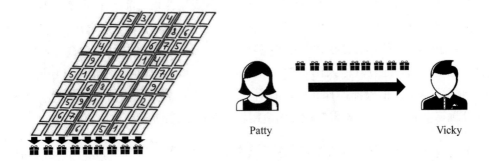

图 6-3　Patty 按照要求回应挑战

4. 验证阶段

如图 6-4 所示，Vicky 打开盒子验证每个盒子里的 9 张纸片刚好是 1～9 这 9 个数字。这也意味着 Patty 在承诺阶段做出的承诺满足"每列 1～9 都出现并且只出现一次"这一要求，同时在一定程度上说明 Patty 做出的承诺很可能是题目的答案（因为在做出承诺的时候并不知道 Vicky 会选择哪种方式进行验证，随意给出的数字难以通过验证）。该阶段为验证阶段。

图 6-4　Vicky 进行验证

5. 重复阶段

尽管一次验证成功能在一定程度上说明 Patty 做出的承诺很可能是题目的答案。但是，Vicky 无法确信，因为存在 1/3 的概率 Patty 恰巧事先猜对了 Vicky 会选择按列进行验证，然后给出的承诺仅仅满足列的要求，不满足行的要求和九宫格的要求。因此 Vicky 可以要求再试几次，直到自己确信为止。

6.1.2 非交互式零知识证明

在上面数独的例子中，Patty 就是零知识证明中的证明者，Vicky 就是验证者。证明过程中涉及双方多次交互，Vicky 最终可以在不获知答案的前提下了解 Patty 是否真的知道答案，该过程可以看作交互式零知识证明。但是，交互式零知识证明存在种种缺陷，如要求证明者时刻在线并等待挑战；验证者如需验证，需要与证明者进行多次交互。更复杂的是，如果还有其他人比如 Tom 也想参与，Patty 又如何向其他人证明呢？即使 Patty 通过了 Vicky 的验证，Tom 也可能不会信任他们，因为可能是 Patty 和 Vicky 联合起来开玩笑。显然，交互式零知识证明应用场景存在一定的限制。

为此，Patty 发明了一个非交互式数独零知识证明机器，如图 6-5 所示。该机器可以自动地随机选择按列、按行或者按九宫格收取纸片到盒子。Patty 为了证明自己没有作弊，把自己打开机器传送出盒子的动作拍摄成视频并放到网上。这样，Vicky 和 Tom 都可以在网上进行观看、验证。当然，有可能还是有人会认为机器有后门，那么 Patty 还需要将机器是如何制造、安装等别人可能怀疑的地方都通过视频放到网上。这一过程就可以称为"可信任的初始设置仪式"。

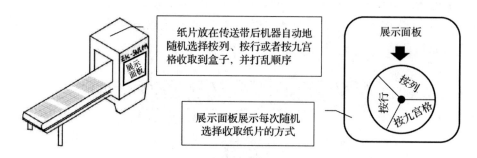

图 6-5　非交互式的数独零知识证明机器

这种非交互式数独零知识证明机器就是研究者提出的非交互式零知识证明（Non-

Interactive Zero Knowledge，NIZK），而其中 zkSNARK（zero-knowledge Succinct Non-interactive ARguments of Knowledge）技术最为典型。zkSNARK 的命名几乎包含其所有技术特征。

- ❑ Succinct：最终生成的证明具有简洁性，也就是说最终生成的证明足够小，并且与计算量大小无关。
- ❑ Non-interactive：没有或者只有很少的交互。对于 zkSNARK 来说，证明者向验证者发送一条信息之后几乎没有交互。此外，zkSNARK 还常常拥有"公共验证者"的属性，意思是在没有再次交互的情况下任何人都可以验证。这种属性对于区块链来说是至关重要的。
- ❑ Arguments：证明者在不知道见证（Witness，私密的数据，只有证明者知道）的情况下，构造出证明是不可能的（这样的证明系统叫作一个 Argument）。
- ❑ zero-knowledge：验证者无法获取证明者的任何隐私信息。

zkSNARK 用白话来说就是，你理论上可以在不暴露任何隐私的情况下向其他人证明某件事，并且生成的证明体积很小，校验成本很低。zkSNARK 的原理极其复杂，这里引用 Vitalik Buterin 介绍 zkSNARK 的博客"Quadratic Arithmetic Programs: from Zero to Hero"中的一张图（见图 6-6）来简单说明一下其过程。

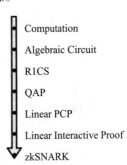

Computation
Algebraic Circuit
R1CS
QAP
Linear PCP
Linear Interactive Proof
zkSNARK

图 6-6　zkSNARK 构造过程

- ❑ 将所要声明的内容的计算算法用算术电路来表示（所有的 NP 问题都可以有效地转换为算术电路）。
- ❑ 将电路用 R1CS（Rank-1 Constraint System，一阶约束系统）描述。
- ❑ 将 R1CS 变换成 QAP（Quadratic Arithmetic Problem）形式。R1CS 与 QAP 形式上的区别是 QAP 使用多项式来代替点积运算，而它们的实现逻辑完全相同。
- ❑ QAP 还要变换成 LPCP（Linear Probabilistically Checkable Proof）。PCP 是指所有的 NP 问题都可以在多项式时间内通过概率验证的方法被证明。LPCP 是指任意一个多项式都可以通过随机验证多项式在几个点上取值来确定多项式的每一项系数是否满足特定的要求。
- ❑ 还要通过一系列步骤将 LPCP 变换成 LIP（Linear Interactive Proof），再转变成 LNIP（Linear Non-Interactive Proof），最后才能构建出一个 zkSNARK。

6.1.3　通过 R1CS 来描述算术电路

电路描述有个专业的术语：Relation（变量和变量的关系描述）。描述电路的语言很多，如 R1CS、QAP、TinyRAM、bacs 等。由于目前主流的零知识证明的开发框架仍然使用 R1CS 来描述电路，因此这里通过 Vitalik 博客中的例子来说明 R1CS 是如何来描述算术电路的。假设 Patty 希望证明自己知道如下方程的解：$x^3+x+5=$~out。其中 ~out 是大家都知道的一个数，这里假设 ~out 为 35，而 $x=3$ 就是方程的解。该方程的算术电路如图 6-7 所示。

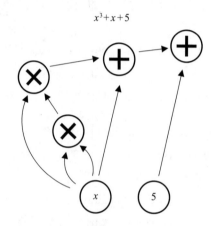

图 6-7　方程的算术电路

1. 拍平

首先需要将算术电路拍平（Flattening）成多个 $x=y$ 或者 $x=y$(op)z 形式的等式，其中 op 可以是加、减、乘、除运算符中的一种。上述方程按图 6-7 中的逻辑门可以转化成如下几个等式：

```
sym_1 = x * x
y = sym_1 * x
sym_2 = y + x
~out = sym_2 + 5
```

2. 转化成三向量组

接下来需要将算术电路用 R1CS 来描述。R1CS 是一个由三个向量 (a, b, c) 组成的序列，还有一个解向量 s，s 必须满足 $s \cdot a \times s \cdot b - s \cdot c = 0$ 这个约束，其中 "·" 符号表示向量的内积运算。这里的解向量 s 就是见证（Witness)(zkSNARK 还需要一个相当复杂的步骤来为见证创建实际的"零知识证明")。比如图 6-8 这个解向量就符合 R1CS 的约束。

$$s \cdot a \times s \cdot b - s \cdot c = 0$$

1	5
3	0
35	0
9	0
27	0
30	1

1	1
3	0
35	0
9	0
27	0
30	0

1	0
3	0
35	1
9	0
27	0
30	0

$$35 \times 1 - 35 = 0$$

图 6-8　一个满足 R1CS 约束的例子

　　然后 Patty 要将每个逻辑门（即"拍平"后的每一个声明语句）转化成一个三向量组 (a, b, c)，转化的方法取决于声明是什么运算（+、−、×、/）和声明的参数是变量还是数字。在这个例子中，除了"拍平"后的 5 个变量（'x'、'~out'、'sym_1'、'y'、'sym_2'）外，还需要在第一个分量位置引入一个冗余变量 ~one 来表示数字 1。就这个系统而言，一个向量所对应的 6 个分量是：（'~one'、'x'、'~out'、'sym_1'、'y'、'sym_2'）。变量和分量也可以是其他顺序，只要对应起来即可。

❑ 通常，得到的向量都是稀疏的，现在给出第一个乘法门 sym_1=x×x 的三向量组 (a, b, c)：

```
a = [0, 1, 0, 0, 0, 0]        //对应乘法门的第一个输入x
b = [0, 1, 0, 0, 0, 0]        //对应乘法门的第二个输入x
c = [0, 0, 0, 1, 0, 0]        //对应乘法门的输出sym_1
```

Patty 要计算解向量 s。可以看出，如果解向量 s 的第二个标量是 3，第四个标量是 9，无论其他标量是多少，都满足 $s \cdot a \times s \cdot b - s \cdot c = 0$ 这个约束。第一个分量位置默认使用 1，因此解向量 $s = [1, 3, ?, 9, ?, ?]$。

❑ 类似地，第二个乘法门 y=sym_1×x 的三向量组 (a, b, c) 为：

```
a = [0, 0, 0, 1, 0, 0]        //对应乘法门的第一个输入sym_1
b = [0, 1, 0, 0, 0, 0]        //对应乘法门的第二个输入x
c = [0, 0, 0, 0, 1, 0]        //对应乘法门的输出y
```

将向量组代入约束条件可推算出，解向量第五个标量是 27，即 $s = [1, 3, ?, 9, 27, ?]$。

❑ 第三个加法门 sym_2=y+x 略有不同，需理解为 sym_2=(y+x)×1 的三向量组 (a, b, c) 为：

```
a = [0, 1, 0, 0, 1, 0]          //对应乘法门的第一个输入x和y
b = [1, 0, 0, 0, 0, 0]          //对应乘法门的第二个输入1
c = [0, 0, 0, 0, 0, 1]          //对应乘法门的输出sym_2
```

将向量组代入约束条件可推算出，解向量第六个标量是 30，即 $s = [1, 3, ?, 9, 27, 30]$。

❏ 类似地，最后一个门 ~out=sym_2+5 需理解为 ~out=(sym_2+5) × 1 的三向量组 (a, b, c) 为：

```
a = [5, 0, 0, 0, 0, 1]          //对应乘法门的第一个输入sym_2和5
b = [1, 0, 0, 0, 0, 0]          //对应乘法门的第二个输入1
c = [0, 0, 1, 0, 0, 0]          //对应乘法门的输出~out
```

将向量组代入约束条件可推算出，解向量第三个标量是 35，即 $s = [1, 3, 35, 9, 27, 30]$。

3. 获得完整的 R1CS

汇总上面所得的向量组即可获得完整的 R1CS：

```
A
[0, 1, 0, 0, 0, 0]
[0, 0, 0, 1, 0, 0]
[0, 1, 0, 0, 1, 0]
[5, 0, 0, 0, 0, 1]
B
[0, 1, 0, 0, 0, 0]
[0, 1, 0, 0, 0, 0]
[1, 0, 0, 0, 0, 0]
[1, 0, 0, 0, 0, 0]
C
[0, 0, 0, 1, 0, 0]
[0, 0, 0, 0, 1, 0]
[0, 0, 0, 0, 0, 1]
[0, 0, 1, 0, 0, 0]
```

6.1.4 开发步骤

得到完整的 R1CS 以后，接下来还要将 R1CS 转化成 QAP 形式，这部分知识属于零知识证明开发框架的底层实现，这里不做详细介绍，读者如果感兴趣可以通过 Vitalik 的博客进一步了解。

应用 zkSNARK 技术实现一个非交互式零知识证明应用的开发步骤大体如下。

1）使用 R1CS 形式编写计算的验证逻辑；

2）生成证明密钥（Proving Key）和验证密钥（Verification Key）；

3）Patty 使用证明密钥和其可行解构造证明；

4）Vicky 使用验证密钥验证 Alice 发过来的证明。

除了第一步比较复杂外，其他几步比较直观。接下来的几个小节将直接介绍使用 libsnark 框架实现 Patty 知道的方程 $x^3+x+5=35$ 的解的零知识证明。

6.2　开发框架 libsnark

libsnark 是用于开发 zkSNARK 应用的 C++ 代码库，由 SCIPR Lab 开发并采用商业友好的 MIT 许可证（但附有例外条款）在 GitHub 上（https://github.com/scipr-lab/libsnark）开源。libsnark 框架提供了多个通用证明系统的实现，其中使用较多的是 Groth16。Groth16 计算分成 3 个部分。

❑ Setup：针对电路生成证明密钥和验证密钥。

❑ Prove：在给定见证（Witness）和声明（Statement）的情况下生成证明。

❑ Verify：通过验证密钥验证证明是否正确。

使用 libsnark 框架需要我们有简单的 C++ 语言基础，libsnark 源码项目目录如下：

```
├── depends/                       相关外部依赖
├── tinyram_examples/              包含TinyRAM（一种比R1CS更高阶的描述问题的语言）的例子
├── libsnark/                      主题代码目录
│   ├── common/                    定义和实现了一些通用的数据结构，例如默克尔树、稀疏向量等
│   ├── gadgetlib1/                抽象出一层以便构建R1CS（基于模板），提供较丰富的gadget
│   ├── gadgetlib2/                接口不基于模板，文档更好、更易用，但gadget较少
│   ├── knowledge_commitment/      在 multiexp的基础上，引入pair概念
│   ├── reductions                 各种不同描述语言之间的转化
│   ├── relations                  各种NPC问题描述语言的接口（包括R1CS、USCS等）
│   └── zk_proof_systems           各种证明系统（包括Groth16、GM17等）
```

查看 libsnark/zk_proof_systems 路径就能发现，libsnark 针对各种证明系统都有具体实现，并且均按不同类别进行了分类，还附上了实现依照的具体论文。其中，zk_proof_systems/ppzksnark/r1cs_ppzksnark 对应的是 BCTV14a；zk_proof_systems/ppzksnark/r1cs_gg_ppzksnark 对应的是 Groth16。如果想研究协议的实现细节，你可直接从 zk_proof_systems 目录入手。目录名中的 ppzksnark 是指 preprocessing zkSNARK。这里的

preprocessing 其实是指上文所说的 "可信任的初始设置"，即在证明生成和验证之前，需要通过一个生成算法来创建相关的公共参数（证明密钥和验证密钥）。提前生成的参数也被称为 "公共参考串"（Common Reference String，CRS）。

6.2.1　使用原型板搭建电路

在电气工程中，原型板（Protoboard）是用于连接电路和芯片的，如图 6-9 所示。

图 6-9　电气工程中的原型板

protoboard 在 libsnark 中也是一个重要的概念，用来快速搭建算术电路，把所有变量、组件和约束关联起来。接下来以上文中的方程 $x^3+x+5=35$ 为例编写 test.cpp 来演示 libsnark 的使用方法。代码清单 6-1 定义了所有需要的相关外部输入变量以及中间变量。

代码清单6-1　使用libsnark时定义需要外部输入的变量以及中间变量的示例

```
typedef libff::Fr<default_r1cs_ppzksnark_pp> FieldT;
default_r1cs_ppzksnark_pp::init_public_params(); //进行参数初始化
protoboard<FieldT> pb;                            //使用protoboard来定义原型板
pb_variable<FieldT> x;                            //使用pb_variable来定义变量
pb_variable<FieldT> sym_1;
pb_variable<FieldT> y;
pb_variable<FieldT> sym_2;
pb_variable<FieldT> out;
```

有了输入、输出变量，我们还需要通过 allocate 函数与 protoboard 连接（具体可参见代码清单 6-2 所示示例），这相当于把各个元器件插到原型板上。allocate 函数的第二个 string 类型变量仅是用来方便调试时添加注释，方便出错时查看日志。

代码清单6-2　通过allocate函数与protoboard连接的示例

```
out.allocate(pb, "out");
x.allocate(pb, "x");
sym_1.allocate(pb, "sym_1");
y.allocate(pb, "y");
sym_2.allocate(pb, "sym_2");
pb.set_input_sizes(1); //除了第一个连接的out变量外，其他的变量都是私有的
```

我们知道 zkSNARK 中有 public input 和 private witness 的概念，它们分别对应 libsnark 中的 primary 和 auxiliary 变量。那么，如何区分这些变量呢？这里需要借助 protoboard 的 set_input_sizes(*n*) 函数来声明与其连接的 public、primary 变量的个数 *n*。上述代码中 *n* = 1，表明与 pb 连接的前 1 个变量（即 out 变量）是公有的，其余都是私有的。

所有变量与 protoboard 相连后还需要确定的是这些变量间的约束关系。这个也很好理解，类似元器件插至原型板后，需要根据电路需求确定它们之间的关系后再连线焊接。代码清单 6-3 所示是调用 protoboard 的 add_r1cs_constraint() 函数，为 pb 添加形如 *a**b=c 的 r1cs_constraint，即 r1cs_constraint(*a*, *b*, *c*) 中参数应该满足 *a**b=c。我们根据注释不难理解每个等式和约束之间的关系。

代码清单6-3　使用add_r1cs_constraint()函数进行变量约束的示例

```
// x * x = sym_1
pb.add_r1cs_constraint(r1cs_constraint<FieldT>(x, x, sym_1));
// sym_1 * x = y
pb.add_r1cs_constraint(r1cs_constraint<FieldT>(sym_1, x, y));
// (y + x) * 1 = sym_2
pb.add_r1cs_constraint(r1cs_constraint<FieldT>(y + x, 1, sym_2));
// (sym_2 + 5) * 1 = ~out
pb.add_r1cs_constraint(r1cs_constraint<FieldT>(sym_2 + 5, 1, out));
```

至此，变量间的约束添加完成，针对上述方程的电路构建完毕。接下来到了密钥生成环节。

6.2.2　生成密钥对

在上一节中已经完成了电路的描述，下面进入前面提到密钥生成步骤：使用生成算法（G）为该命题生成公共参数（证明密钥和验证密钥），即 trusted setup。证明密钥和验证密钥分别可以通过 keypair.pk 和 keypair.vk 获得。生成密钥对示例如代码清单 6-4 所示。

代码清单6-4　生成密钥对示例

```
const r1cs_constraint_system<FieldT> constraint_system =
pb.get_constraint_system();
const r1cs_gg_ppzksnark_keypair<default_r1cs_gg_ppzksnark_pp> keypair =
r1cs_gg_ppzksnark_generator<default_r1cs_gg_ppzksnark_pp>(constraint_system);
```

6.2.3　证明者构造证明

证明者需要生成证明，先为 public input 以及 witness 提供具体数值。不难发现，out=35 时，x=3 是原始方程的一个解，这里假设证明者知道的秘密就是 3，则依次为 x、out 以及各个中间变量赋值。变量赋值示例如代码清单 6-5 所示。

代码清单6-5　变量赋值的示例

```
pb.val(out) = 35;
pb.val(x) = 3;
pb.val(sym_1) = 9;
pb.val(y) = 27;
pb.val(sym_2) = 30;
```

再把 public input 以及 witness 的数值传给 r1cs_gg_ppzksnark_prover 函数，以生成证明（示例如代码清单 6-6 所示），并分别通过 pb.primary_input 和 pb.auxiliary_input 访问获得 public input 以及 witness。生成的证明用 proof 变量保存。

代码清单6-6　使用r1cs_gg_ppzksnark_prover函数生成证明的示例

```
const r1cs_gg_ppzksnark_proof<default_r1cs_gg_ppzksnark_pp> proof =
  r1cs_gg_ppzksnark_prover<default_r1cs_gg_ppzksnark_pp>(
    keypair.pk, pb.primary_input(), pb.auxiliary_input());
```

6.2.4　验证者验证

最后，验证者使用 r1cs_gg_ppzksnark_verifier_strong_IC 函数校验证明（示例如代码清单 6-7 所示）。如果 verified = true，证明验证成功。

代码清单6-7　使用r1cs_gg_ppzksnark_verifier_strong_IC函数进行校验证明的示例

```
bool verified =
  r1cs_gg_ppzksnark_verifier_strong_IC<default_r1cs_gg_ppzksnark_pp>(
    keypair.vk, pb.primary_input(), proof);
```

6.2.5　可复用的电路 Gadget

在 libsnark 项目中使用 R1CS 仍然是比较复杂的一件事情。如果能将一些常用的算术电路预制到库中，这将给编程带来很大的方便。gadgetlib1 和 gadgetlib2 就是实现该功能的工具包，其中包含了一些基本运算的 R1CS，比如 sha256 在内的哈希计算、默克尔树、pairing 等电路实现。在原型板中使用 Gadget 非常简单，这里以一个用来比较大小的 Gadget 为例进行演示。

```
comparison_gadget(protoboard<FieldT>& pb,
                  const size_t n,
                  const pb_linear_combination<FieldT> &A,
                  const pb_linear_combination<FieldT> &B,
                  const pb_variable<FieldT> &less,
                  const pb_variable<FieldT> &less_or_eq,
                  const std::string &annotation_prefix="")
```

该 Gadget 需要传入的参数较多：n 表示参与比较的数的比特位数，A 和 B 分别为需要比较的两个数，less 和 less_or_eq 用来标记两个数的关系是"小于"还是"小于或等于"。其实现原理简单来讲是把 A 和 B 的比较，转化为 2^n+B-A 按位表示。

代码清单 6-8 创建了相关变量，并将 A 和 B 与原型板相连，把 B 值设为 88，代表数值上限。

代码清单6-8　为大小比较的Gadget进行变量准备的示例

```
protoboard<FieldT> pb;
pb_variable<FieldT> A, B, less, less_or_eq;
A.allocate(pb, "A");
B.allocate(pb, "B");
pb.val(B)=88;
less.allocate(pb, "less");
less_or_eq.allocate(pb, "less_or_eq");
```

使用 comparison_gadget 创建 cmp，并把前面的参数传入，调用 Gadget 自带的 generate_r1cs_constraints() 方法。同时添加一个约束，要求 less * 1 = 1，也就是 less 必须为 true。相关示例如代码清单 6-9 所示。

代码清单6-9　为大小比较的Gadget生成约束的示例

```
comparison_gadget<FieldT> cmp(pb, 9, A, B, less, less_or_eq, "cmp");
cmp.generate_r1cs_constraints();
pb.add_r1cs_constraint(r1cs_constraint<FieldT>(less, 1, FieldT::one()));
```

最后输入 witness（秘密值 A），比如令 $A=18$，这里还需要调用该 Gadget 的 generate_r1cs_witness 方法。这样就完成了在不泄露秘密数字 A 的前提下，证明数字 A 小于 88。

```
pb.val(A) = 18; // secret
cmp.generate_r1cs_witness();
```

总体而言，Gadget 在很大程度上简化了电路的生成。

6.2.6　通过 Docker 构建环境

为了方便读者快速使用，代码清单 6-10 列出用于构建 libsnark 运行环境的 Docker 镜像的代码，供读者参考。

代码清单6-10　用于构建libsnark运行环境的Docker镜像的代码

```
FROM ubuntu:16.04
WORKDIR /root
RUN apt-get update && \
  apt-get install -y \
  wget unzip curl \
  build-essential cmake git libgmp3-dev libprocps4-dev \
  python-markdown libboost-all-dev libssl-dev pkg-config
#如果访问GitHub速度慢，可以使用这个地址加速:
RUN git clone https://github.com.cnpmjs.org/scipr-lab/libsnark/ \
#RUN git clone https://github.com/scipr-lab/libsnark/ \
  && cd libsnark \
  && git submodule init && git submodule update \
  && mkdir build && cd build && cmake .. \
  && make \
  && DESTDIR=/usr/local make install \
    NO_PROCPS=1 NO_GTEST=1 NO_DOCS=1 CURVE=ALT_BN128 \
    FEATUREFLAGS="-DBINARY_OUTPUT=1 -DMONTGOMERY_OUTPUT=1 -DNO_PT_COMPRESSION=1"
ENV LD_LIBRARY_PATH $LD_LIBRARY_PATH:/usr/local/lib
VOLUME ["/root/projects"]
WORKDIR /root/projects
```

其实，即使不使用 Docker，直接在 Ubuntu 系统中安装也非常简单，只需安装相应的依赖并下载源代码进行编译即可（可参考 Docker 中的安装命令）。接下来使用如下命令编译 Docker 镜像：

```
docker build -t libsnark
```

6.2.7　代码的编译以及运行

在 6.2.1 节中我们创建了 test.cpp，接下来需要在 test.cpp 所在的目录中创建 CMakeLists.txt 进行编译，主要内容如代码清单 6-11 所示。

代码清单6-11　用于编译的CMakeLists.txt代码

```
cmake_minimum_required(VERSION 2.8)
project(libsnark-test)
set(DEPENDS_DIR /root)
#此处省略相关环境变量的设置
include_directories(.)
add_subdirectory(/root/libsnark /root/libsnark/build)
add_executable(
  test
  test.cpp
)
target_link_libraries(
  test
  snark
)
target_include_directories(
  test
  PUBLIC
  ${DEPENDS_DIR}/libsnark
  ${DEPENDS_DIR}/libsnark/depends/libfqfft
  ${DEPENDS_DIR}/libsnark/depends/libff
)
```

利用上文的 Docker 镜像，通过以下命令运行上文中的例子：

```
docker run -it --rm --name libsnark -v C:\ppct\libsnark:/root/projects libsnark
mkdir build && cd build && cmake ..
make
./test
```

最后输出日志：

```
Number of R1CS constraints: 4
Primary (public) input: 1
35
Auxiliary (private) input: 4
3
9
27
```

```
30
Verification status: 1
```

从日志输出中可以看出，验证结果为 true，R1CS 约束数量为 4，public input 和 private input 数量分别为 1 和 4。日志输出符合预期。

6.3 应用案例：以零知识证明方式提供财富达标证明

实际应用中，trusted setup、prove、verify 三个阶段会由不同角色分别开展，最终实现的效果就是证明者（Prover）给验证者（Verifier）一段简短的 proof 和 public input，验证者可以自行校验某命题是否成立。接下来动手实现这样的一个小案例：假设某银行建有一个区块链系统，该系统上希望增加一个功能，可以向合作商户以零知识证明的方式提供该银行用户财富达到 99 万元以上的证明（合作商户将对达标的客户授予某些特殊的权益）。

1. 搭建电路

这里涉及两个数的比较，可以使用 libsnark 在 gadgetlib1 中提供的 comparison_gadget。因为在 trusted setup、prove 以及 verify 三个阶段都需要构造原型板，所以这里把这段代码放在一个公用文件 common.hpp 供三个阶段使用，如代码清单 6-12 所示。

代码清单6-12 公用文件common.hpp中的代码

```cpp
#include <libsnark/common/default_types/r1cs_gg_ppzksnark_pp.hpp>
#include <libsnark/gadgetlib1/pb_variable.hpp>
#include <libsnark/gadgetlib1/gadgets/basic_gadgets.hpp>
using namespace libsnark;
using namespace std;
typedef libff::Fr<default_r1cs_gg_ppzksnark_pp> FieldT;
protoboard<FieldT> build_protoboard(int* secret)
{
  default_r1cs_gg_ppzksnark_pp::init_public_params();
  protoboard<FieldT> pb;
  pb_variable<FieldT> min;                    // VIP需要达到的财富指标
  pb_variable<FieldT> x;                       // 银行知道但不能对外公布的用户财富值
  pb_variable<FieldT> less, less_or_eq;        // comparison_gadget需要用到的变量
  min.allocate(pb, "min");
  x.allocate(pb, "x");
  less.allocate(pb, "less");
  less_or_eq.allocate(pb, "less_or_eq");
  pb.set_input_sizes(1);                       // 指标为可公开的值
```

```
pb.val(min)= 99;                    // 设置具体指标值为99（万元）
const size_t n = 16;                // 参与比较的数的比特位数
//构造gadget
comparison_gadget<FieldT> cmp(pb, n, min, x, less, less_or_eq, "cmp");
cmp.generate_r1cs_constraints();
pb.add_r1cs_constraint(r1cs_constraint<FieldT>(less, 1, FieldT::one()));
if( secret != NULL ) {              // 银行在prove阶段传入secret，其他阶段为NULL
  pb.val(x) = *secret;
  cmp.generate_r1cs_witness();
}
return pb;
}
```

2. 生成密钥对

接下来是生成公钥的初始设置阶段（Trusted Setup）。在这个阶段，我们把生成的证明密钥和验证密钥输出到对应文件中保存。其中，证明密钥供银行使用，验证密钥供银行的合作商户使用。相关示例如代码清单 6-13 所示。

代码清单6-13　初始设置阶段示例

```
#include <libsnark/common/default_types/r1cs_gg_ppzksnark_pp.hpp>
#include <libsnark/zk_proof_systems/ppzksnark/r1cs_gg_ppzksnark/r1cs_gg_ppzksnark.
  hpp>
#include <fstream>
#include "common.hpp"
using namespace libsnark;
using namespace std;
int main () {
  protoboard<FieldT> pb = build_protoboard(NULL);
  const r1cs_constraint_system<FieldT> constraint_system =
      pb.get_constraint_system();
  cout << "Primary (public) input: " << pb.primary_input() << endl;
  cout << "Auxiliary (private) input: " << pb.auxiliary_input() << endl;
  const r1cs_gg_ppzksnark_keypair<default_r1cs_gg_ppzksnark_pp> keypair =
    r1cs_gg_ppzksnark_generator<default_r1cs_gg_ppzksnark_pp>(
      constraint_system);
  //保存证明密钥到文件bank_pk.raw
  fstream pk("bank_pk.raw", ios_base::out);
  pk << keypair.pk;
  pk.close();
  cout << "bank_pk.raw is exported" << endl;
  //保存验证密钥到文件client_vk.raw
  fstream vk("client_vk.raw", ios_base::out);
  vk << keypair.vk;
```

```
  vk.close();
  cout << "client_vk.raw is exported" << endl;
  cout << "Number of R1CS constraints: "
    << constraint_system.num_constraints() << endl;
  return 0;
}
```

3. 构造证明

银行在收到包含证明密钥的文件 bank_pk.raw 后即可为其银行用户生成零知识证明（用户在该银行的财富总值 x 就是银行拥有的隐私信息），并将生成的证明通过区块链系统给到合作商户，相关代码如代码清单 6-14 所示。

代码清单6-14　生成证明的bank-prove.cpp中的代码

```
#include <libsnark/common/default_types/r1cs_gg_ppzksnark_pp.hpp>
#include <libsnark/zk_proof_systems/ppzksnark/r1cs_gg_ppzksnark/r1cs_gg_
  ppzksnark.hpp>
#include <fstream>
#include "common.hpp"
using namespace libsnark;
using namespace std;
int main (int argc, char* argv[]) {
  if(argc != 2) {                                          // 对输入进行合法性校验
    cout << "Please input the secret number." << endl;
    return -1;
  }
  int secret;
  try {
    secret = stoi(argv[1]);
  } catch (...) {
    cout << "Incorrect format. Please input an integer as a secret." << endl;
    return -1;
  }
  protoboard<FieldT> pb = build_protoboard(&secret);       //输入隐私数据构造原型板
  const r1cs_constraint_system<FieldT> constraint_system = pb.get_constraint_system();
  cout << "Primary (public) input: " << pb.primary_input() << endl;
  cout << "Auxiliary (private) input: " << pb.auxiliary_input() << endl;
  if (!pb.is_satisfied()) {                                //验证原型板合法性
    cout << "pb is not satisfied" << endl;
    return -1;
  }
  fstream f_pk("bank_pk.raw", ios_base::in);               //加载证明密钥
  r1cs_gg_ppzksnark_proving_key<libff::default_ec_pp> bank_pk;
  f_pk >> bank_pk;
  f_pk.close();
```

```
    cout << "bank_pk.raw is loaded" << endl;
    const r1cs_gg_ppzksnark_proof<default_r1cs_gg_ppzksnark_pp> proof =
      r1cs_gg_ppzksnark_prover<default_r1cs_gg_ppzksnark_pp>(
        bank_pk, pb.primary_input(), pb.auxiliary_input());      //生成证明
    // 将生成的证明保存到bank_proof.raw文件
    fstream pr("bank_proof.raw", ios_base::out);
    pr << proof;
    pr.close();
    cout << "bank_proof.raw is exported" << endl;
    return 0;
}
```

4. 验证

合作商户在收到验证密钥和银行生成的证明文件 bank_proof.raw（读者如果有试运行就可以观察到生成的证明文件 bank_proof.raw 仅 137 字节，的确非常简洁）后即可进行验证，验证代码如代码清单 6-15 所示。

代码清单6-15　商户进行验证的client-verify.cpp中的代码

```
#include <libsnark/common/default_types/r1cs_gg_ppzksnark_pp.hpp>
#include <libsnark/zk_proof_systems/ppzksnark/r1cs_gg_ppzksnark/r1cs_gg_
    ppzksnark.hpp>
#include <fstream>
#include "common.hpp"
using namespace libsnark;
using namespace std;
int main () {
  protoboard<FieldT> pb = build_protoboard(NULL);      // 构造原型板
  fstream f_vk("client_vk.raw", ios_base::in);         // 加载验证密钥
  r1cs_gg_ppzksnark_verification_key<libff::default_ec_pp> client_vk;
  f_vk >> client_vk;
  f_vk.close();
  cout << "client_vk.raw is loaded" << endl;
  fstream f_proof("bank_proof.raw", ios_base::in);     // 加载银行生成的证明
  r1cs_gg_ppzksnark_proof<libff::default_ec_pp> bank_proof;
  f_proof >> bank_proof;
  f_proof.close();
  cout << "bank_proof.raw is loaded" << endl;
  bool verified = r1cs_gg_ppzksnark_verifier_strong_IC<default_r1cs_gg_
    ppzksnark_pp>(
    client_vk, pb.primary_input(), bank_proof);        //进行验证
  cout << "Primary (public) input: " << pb.primary_input() << endl;
  cout << "Verification status: " << verified << endl;//查看验证结果
  return 0;
}
```

最后观察 verified 变量，如果为 true，则验证通过，反之验证失败。图 6-10 显示了银行合作商户在运行 client-verify 程序后所获得的输出结果。

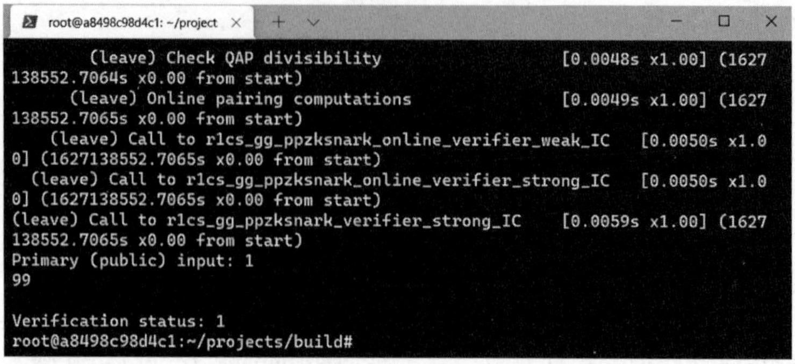

图 6-10　验证者运行 client-verify 程序后所获得的输出结果

6.4　同态承诺

在区块链应用中，还有一种特殊的零知识证明场景，即当事人交易过程中的交易金额属于隐私信息，希望能够受到保护。举个例子，假设 Alice 有 10 元，需要转给 Bob 7 元，找零 3 元，而 Alice 又不想让其他人知道本次交易涉及的交易金额，是否有技术可以实现呢？区块链中的其他参与方如何在不知道交易金额的情况下验证这笔交易收支平衡呢？这就需要用到同态承诺（Homomorphic Commitment）技术。在讲述同态承诺之前，我们先从密码学中的"承诺"开始说起。

6.4.1　承诺的概念

密码学中的"承诺"是指对一个既有的确定性的事实（隐私数据）进行陈述，保证未来的某个时间验证方可以验证承诺的真假，也就是说承诺的标的是当前时间存在的且未来不会发生变化的事实。

承诺包含承诺方和验证方两个角色，通常分为 3 个阶段。

❑ 初始化阶段：承诺方根据算法选择相应的参数进行初始化，并根据算法公开相关参数。

❑ 生成阶段：承诺方选择一个暂不公开的敏感数据 v，计算出对应的承诺 C 并公开。

❑ 披露阶段：也称为承诺打开 – 验证（Open-Verify）阶段，承诺方公布隐私数据 v 的明文和其他必要参数，验证方重复承诺 C 生成的计算过程，比较新生成的承诺与之前接收到的承诺 C 是否一致，一致则表示验证成功，否则失败。

承诺具备以下两个特性。

❑ 隐匿性：做出的承诺是密文形式，在打开承诺之前，验证方无法知晓承诺方的隐私数据内容。

❑ 绑定性：一旦承诺生成并公开，承诺方不能将已承诺的隐私数据换成（或解释成）另一个不同的数据。

6.4.2　哈希承诺

我们知道哈希算法是一个单向不可逆的算法，且对于不同的输入 v，得到的哈希结果 $H(v)$ 也不同。准确地说，随机输入一个 v，得到的 $H(v)$ 是均匀分布的，且无法预测（即抗碰撞性）。基于哈希算法的单向性，难以通过哈希值 $H(v)$ 反推出隐私数据 v，这确保了一定的隐匿性；基于哈希算法的抗碰撞性，难以找到不同的隐私数据 v' 产生相同的哈希值 $H(v)$，这确保了一定的绑定性。

哈希承诺的原理简单、使用方便，满足密码学中"承诺"的基本特性，适用于对隐私数据机密性要求不高的应用场景。但对机密性要求高的场景，哈希承诺因其不具备随机性，提供的安全性比较有限。因为对于同一个敏感数据 v，$H(v)$ 值总是固定的，所以理论上可以通过暴力穷举，列举所有可能的 v 值，以反推出 $H(v)$ 中实际承诺的 v。特别是对 v 取值范围有限的情况下，哈希承诺被暴力穷举攻破的可能性较大。

另外，哈希承诺不具备同态特性，多个相关的承诺值之间无法进行密文运算和交叉验证，对于构造复杂密码学协议和多方安全计算方案的作用比较有限。

6.4.3　椭圆曲线

在介绍同态承诺之前，我们还需要简单介绍一下经常用到的椭圆曲线密码学（Elliptic Curve Cryptography，ECC）。图 6-11 展示了一个典型的椭圆曲线。这里并不深入研究和讨论 ECC，只是简单说明一下理解同态承诺如何工作所必须了解的 ECC 属性。

椭圆曲线上的点可以进行加、减或乘（乘以整数，也称标量）运算。椭圆曲线上的点满足以下特性：给定一个整数 k，其可以与曲线上的点 H 进行标量乘法运算，即 $k \times H$，所得结果也是曲线 C 上的一个点。给定另一个整数 j，$(k+j) \times H$ 等于 $k \times H + j \times H$，即椭圆曲线上的加法和标量乘法运算保持加法和乘法的交换率和结合律。

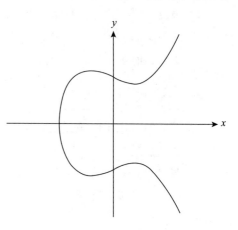

图 6-11　一个典型的椭圆曲线示例

在 ECC 中，有这样一个性质：如果选择一个非常大的数字 k 作为私钥，$k \times H$ 和 H 作为相应的公钥，那么通过公钥推导出私钥 k 几乎是不可能的。类似这样的特性：向一个方向计算容易，但反方向倒推很难的算法被称作单向陷门函数（Trapdoor Function）。椭圆曲线可看作一个很好的陷门函数。

6.4.4　Pedersen 同态承诺

Pederson 同态承诺（简称 Pedersen 承诺）是由 Torben Pryds Pedersen 于 1992 年在 "Non-Interactive and Information-Theoretic Secure Verifiable Secret Sharing" 一文中提出的一种承诺。目前，Pedersen 承诺主要搭配椭圆曲线密码学使用，具有基于离散对数困难问题的强绑定性以及同态加法特性。

以结合椭圆曲线为例来说明，Pedersen 承诺核心公式表达为：

$$C = r \times G + v \times H$$

上述公式中，C 为生成的承诺值，G、H 为特定椭圆曲线上的生成点，r 代表盲因子（Blinding Factor），v 则代表着隐私信息。由于 G、H 为特定椭圆曲线上的生成点，所以 $r \times G$、$v \times H$ 可以看作相应曲线上的公钥（r、v 可以视为私钥）。

Pedersen 承诺还具备加法同态特性，这是椭圆曲线点运算的性质决定的。假设有两个要承诺的信息 v_1、v_2，随机数 r_1、r_2，生成对应的两个承诺为：

$$C(v_1) = r_1 \times G + v_1 \times H, \quad C(v_2) = r_2 \times G + v_2 \times H$$

则有如下特性：

$$C(v_1+v_2)=(r_1+r_2) \times G+(v_1+v_2) \times H=(r_1 \times G+v_1 \times H)+(r_2 \times G+v_2 \times H)=C(v_1)+C(v_2)$$

6.4.5 基于 Pedersen 同态承诺的转账

接下来我们回到 Alice 给 Bob 转账的例子，这可以通过 Pedersen 承诺来实现，具体步骤如图 6-12 所示。

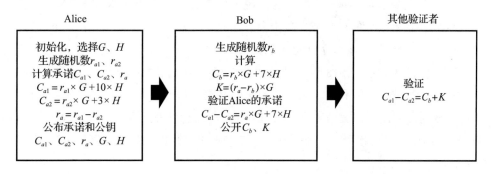

图 6-12 采用 Pedersen 同态承诺验证转账示意图

其中，Bob 收款 7 元属于隐私数据，只有 Bob 和 Alice 知晓，其他验证者并不知晓。虽然其他验证者能计算出 $7 \times H$，但根据陷门函数的特性，其无法反推出 7。同理，其他验证者也无法推断出 Alice 原有金额以及找零金额。

当然，上述计算过程依赖找零的值为正值，如果为负值，相当于 Alice 可以凭空捏造，这是不能允许的。为了解决这个问题，我们还需要通过零知识证明进行范围证明（Range Proof，即证明一个数字落在给定范围内，而不会泄露数字，典型的算法有 Bulletproofs），这里就不详细讲述了。

6.5 扩展阅读

6.5.1 Zash 的 Powers of Tau 活动

上面提到 zkSNARK 算法必须能够实现各参与方都信任的初始化设置，因为零知识证明 zkSNARK 算法依赖于可信的公共参数，即在算法的初始化阶段，需要一些原始随机数来生成 zkSNARK 的证明公钥和验证公钥。如果原始随机数被泄露，拥有原始随机数的人可以随意伪造证明，摧毁整个系统的正确性。

区块链项目 Zcash（采用零知识证明来解决比特币伪匿名问题的一个项目）也曾面临初始化设置的问题，因此 Zcash 社区发起了 Powers of Tau 活动，旨在解决 zkSNARK 算法中公钥生成的问题。

之前 Zcash 使用的证明公钥和验证公钥，是通过 6 台机器做多方安全运算生成的（只要把 6 台机器的原始数据全部拿到，就能伪造证明）。当时，因为算法效率和不可扩展性，只用了 6 台机器。如今学术界有了更好的方案，一个更高效的多方安全计算算法。这一算法理论上允许上千人非同步参与公钥的生成。只要有一个人安全删除了数据，公钥就是安全的。为了鼓励让更多的人参与公钥生成，Zcash 社区举行了这个活动。最终，从 2017 年 11 月到 2018 年 4 月，共有 90 多人参与了这一活动，87 人成功参与。参与者主要是密码学教授和 Zcash 社区成员，甚至有人带着放射性物质和盖革计数器（用来测量放射性的设备，被用来产生随机数）开着螺旋桨飞机跑到天上去做计算，以防可能的窃听或攻击。由此可见，要实现让各参与方都信任的初始化设置是一件多么不容易的事情。

6.5.2 无须可信设置的技术方案 Spartan

微软研究中心于 2020 年发表了一篇论文，宣布推出一种高效且通用的零知识证明技术方案 Spartan。该方案能在更短的时间内以更高效的方式实现简洁非交互式零知识证明，是首个无须做可信设置的 zkSNARK 方案。据官方介绍，在公开的 SNARK 方案中，Spartan 的零知识证明验证速度最快，根据对比基数的不同，速度大约为对比基数的 36～152 倍，生成证明的速度为对比基数的为 1.2～416 倍。与最先进的（需要做可信设置的）zkSNARK 方案相比，对于任意 R1CS 实例，Spartan 的验证器都要快 2 倍，数据并行工作负载速度快 16 倍。代码由 Rust 语言实现，具体实现参见 https://github.com/microsoft/Spartan。

6.6 本章小结

零知识证明主要有交互式和非交互式两个不同的类型。非交互式零知识证明因其简洁性颇受欢迎。但其仍有一个不可忽视的缺点，生成和验证任何 zkSNARK 证明都需要事先生成一个公共参考字符串（CRS）。可以认为，此过程是在创建只有系统"知道"的秘密，任何了解如何生成 CRS 的人都可以伪造证明，因此可靠性低。目前，在

trusted setup 设置阶段中使用多方安全技术是比较主流的方案，而无须可信设置的技术方案更是值得关注。

　　本章介绍的 libsnark 项目需要使用算术电路来表示证明的内容，并使用 R1CS 或者其他语言来描述算术电路，这一过程需要大量的编码工作，难度较高。虽然 libsnark 通过原型板简化了电路设计，但仍然需要程序员对使用的相关零知识证明技术的原理有一定了解，学习和使用的难度较高。另外，由于需要有可信任的初始设置，在实际应用中，我们需要精心设计可信任的初始设置方案，确保各参与方达成共识，否则其他地方设计得再好也形同虚设。

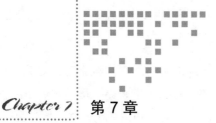

Chapter 7 第 7 章

差分隐私技术的原理与实践

差分隐私（Differential Privacy，DP）是密码学中的一种手段，可以提高从统计数据库进行数据查询的准确性，同时帮助最大限度减少识别其具体记录的机会。本章将阐述差分隐私算法的原理，然后介绍一款用于差分隐私的平台 SmartNoise。为了在实践中熟悉 SmartNoise 的使用方法，我们以美国人口数据统计为例，介绍如何在案例中使用差分隐私技术。

7.1 差分隐私概述

为什么需要使用差分隐私呢？本节将以一个艾滋病患者数据库的例子为起始讲述差分隐私的核心思想以及分类，并介绍两个经典的差分隐私算法的原理以及差分隐私的典型应用场景。

7.1.1 核心思想

举一个简单的例子，假设某医院有一个艾滋病患者数据库，并且提供了一个查询医院目前有多少患者的服务。服务使用者刚开始查询的时候发现有 102 个患者；现在 Alice 去医院进行了艾滋病检查，再一查数据库，发现有 103 个患者。这时，服务使用者就可以推测 Alice 是艾滋病患者。样本 Alice 的出现使得服务使用者（攻击者）可以获得某些特殊的隐私信息，而这显然是不允许的，必须采用合适的技术避免此类事情的发生。差分隐私技术可以做到攻击者不会通过多次查询而获得新样本的隐私信息。

　　由于差分隐私机制非常复杂，这里先以一个直观的例子来说明差分隐私的原理，如图 7-1 所示。假设数据集 D 包含 Alice 的记录，而数据集 D' 中 Alice 的记录被替换为 Bob 的记录，其他记录与数据集 D 完全一致。假设从 D 和 D' 两个数据集中随机挑选一个数据集并提取一些信息 O 给到攻击者，如果攻击者无法识别这些信息是从哪个数据集中提取出来的，那么可以认为所发布的信息是保护了 Alice 的隐私的。差分隐私要求任何被发布的信息都应当与信息 O 类似，确保攻击者无法识别出任何具体的数据记录。

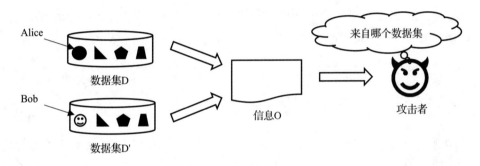

图 7-1　差分隐私的原理

　　差分隐私技术的核心思想是对于任意两个相差一条记录的数据集 D 和 D'（D 和 D' 也被称为相邻数据集）以及任意输出 O，要求添加了随机扰动的查询机制 M（一般是一些统计信息的查询，比如均值、方差）都能满足 $e^{-\varepsilon} \leqslant \dfrac{P\,[\mathrm{M(D)=O}]}{P\,[\mathrm{M(D')=O}]} \leqslant e^{\varepsilon}$，其中 P 是通过查询机制 M 获得输出 O 的概率。这意味着在数据集 D 中一条数据发生变化后通过 M 得到 O 的概率的变化会非常小，概率 P 的变化范围由公式中的 ε 决定，这时称查询机制 M 满足 ε- 差分隐私。

> **注意**　对 ε 的理解是至关重要的，在差分隐私的应用中，一般需要程序员设置 ε 值。

　　可以看出，参数 ε 接近 0 时，e^{ε} 接近 1，两个概率接近相等，这意味着保密程度高。在极端情况下，当 ε 取值为 0 时，查询机制 M 针对 D 与 D' 的输出的概率分布完全相同，那么根据数学归纳法，当 $\varepsilon=0$ 时，查询机制 M 的输出结果不能反映任何关于数据集的有用信息。因此，从另一方面来看，ε 的取值也反映了数据的可用性，在普通情况下，ε 越小，数据可用性越低。ε 越大，隐私保护越弱，但查询结果可以更精确。

直白一点来说，如果能设计一种算法，让攻击者在查询 100 条信息和去掉任意一条信息的其他 99 条信息时，获得相同值的概率非常接近，攻击者就没办法确定第 100 条信息了，这样我们就说第 100 条信息对应的个体得到了隐私保护。这样的算法就是差分隐私算法。差分隐私其实是一个框架，一个用于评估保护隐私的查询机制（算法）的框架。

此外，差分隐私还具有可组合性这一特性，如果用保护程度分别为 $\varepsilon1$ 和 $\varepsilon2$ 的差分隐私来回应两个查询，则这两个查询的差分隐私性等同于保护程度（$\varepsilon1+\varepsilon2$）。回想一下，较高的 ε 值意味着较弱的保护。也就是说，查询次数越多，隐私保护越弱，攻击者可以通过多次查询来分析结果的分布情况，从而推算真实数据。为了防止这种情况发生，差分隐私系统必须有一个隐私预算，就是为多个查询中使用的 ε 的总和指定一个上限。

> **注意** 这个上限能够起作用就是因为差分隐私的可组合性。一旦查询使用的 ε 的和超过隐私预算，差分隐私系统就应该停止返回结果。

由于有些情况下难以严格满足 ε- 差分隐私或者使用成本很高，因此有些差分隐私机制还引入了 δ 参数来控制隐私保护级别。那么，δ 参数指的是什么呢？可以这么直观地理解，ε 是单条数据对所有数据包含信息的影响的上界（即去掉这条信息会对原来数据库包含信息产生的最大影响），δ 则是这个上界不成立的概率（即有多大概率 ε- 差分隐私失效，从而产生隐私泄露的风险）。显然，δ 越小，安全性越高。

7.1.2　分类

差分隐私主要有两种不同的分类方式：一种是根据原始数据的存储位置进行分类，另一种是根据实现环境的交互方式进行分类。

1. 根据原始数据的存储位置分类

根据原始数据的存储位置划分，差分隐私可分为中心化差分隐私（Centralized Differential Privacy，CDP）和本地化差分隐私（Local Differential Privacy，LDP）。如图 7-2 所示，传统的差分隐私技术是将用户数据集中到一个可信的数据中心，在数据中心对用户数据匿名化，使数据符合隐私保护的要求后再提供给客户使用。此类技术被称为中心化差分隐私。本章开头谈到的艾滋病患者数据库就属于此类。

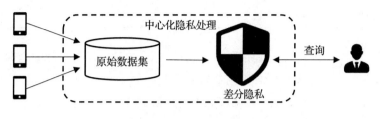

图 7-2　中心化差分隐私

但是在某些场景下，一个绝对可信的数据中心很难找到，因此人们提出了本地差分隐私技术的概念，如图 7-3 所示，本地差分隐私技术直接在客户端进行数据的隐私化处理后再提交给数据中心，杜绝了数据中心泄露用户隐私的可能。7.1.4 节即将介绍的苹果公司在 iOS 输入法中使用的差分隐私技术就属于此类。

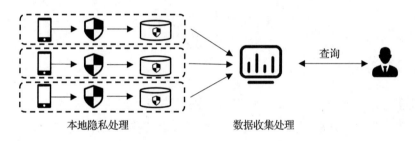

图 7-3　本地化差分隐私

2. 根据实现环境的交互方式分类

根据实现环境的交互方式不同，差分隐私分为交互式和非交互式两种。如图 7-4 所示，在交互式环境下，用户向数据系统提出查询请求，数据系统根据查询请求对数据集执行差分隐私保护操作并将结果反馈给用户，用户看不到数据集全貌，从而保护数据集中的个体隐私。

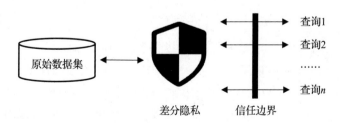

图 7-4　交互式差分隐私

> 📍 **提示** 交互式差分隐私系统通常设有"隐私预算"来防止攻击者通过多次查询反推真实数据。

如图 7-5 所示，在非交互式环境下，差分隐私系统针对所有可能的查询，在满足差分隐私的条件下一次性发布所有查询结果，或者发布一个原始数据集的"净化"版本。这是一个不精确的数据集，用户可对该版本的数据集自行进行所需的查询操作。

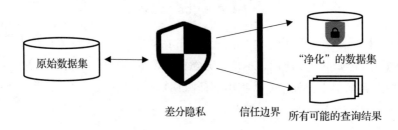

原始数据集

"净化"的数据集

差分隐私　　信任边界　　所有可能的查询结果

图 7-5　非交互式差分隐私

7.1.3　经典算法

本节主要介绍拉普拉斯机制和随机化回答机制这两个经典的差分隐私算法。除此之外，还有许多其他机制来满足不同的应用场景、不同的数据集、不同的输出，比如高斯机制、指数机制等，感兴趣的读者可以进一步查找资料进行研究。

1. 拉普拉斯机制

在上文的艾滋病患者数据库的例子中，攻击者通过比较多次查询获得的不同结果来推算出部分原始明文数据，这就是差分攻击。那么差分隐私技术是如何进行隐私信息的保护，防止差分攻击的呢？差分隐私通常的做法是在查询结果中引入噪声。对于数值型的查询结果，常用的方法是在查询结果中加入服从拉普拉斯分布的噪声，这种方法被称为拉普拉斯机制。拉普拉斯分布的概率密度函数为 $pdf(x) = \dfrac{1}{2\lambda} e^{\left(-\frac{|x|}{\lambda}\right)}$，其概率密度函数图可参见图 7-6，其中横轴表示随机变量 x，纵轴表示相对应的概率密度。那么对于数据库查询 select count(*) from D where type="AIDS"，如果要发布这个查询结果，如何才能满足 ε- 差分隐私呢？可以在查询结果中加入一个服从拉普拉斯分布的噪声（加入噪声后的查询结果将具备一定的随机性）。根据差分隐私的理论，加入的噪声参数满足 λ 为 $\dfrac{1}{\varepsilon}$，即能满足 ε- 差分隐私。

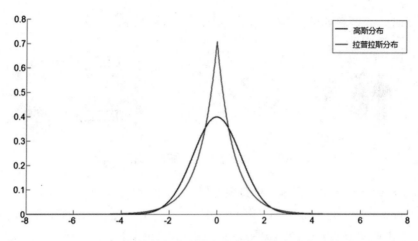

图 7-6　拉普拉斯分布和高斯分布的概率密度函数

一般而言，如果要发布一组数值型查询结果，我们可以为每个结果加入独立的拉普拉斯噪声来满足 ε- 差分隐私。噪声参数 λ 取决于修改一条记录时查询结果总共改变多少。总共的"最大改变"被称为这组查询的敏感度，取 $\lambda=$ 敏感度 $/\varepsilon$ 即能满足 ε- 差分隐私。

还是以前面某医院的艾滋病患者数据库为例，查询的是艾滋病患者的总数，因此其敏感度为 1，λ 为 $\dfrac{1}{\varepsilon}$ 时即能满足 ε- 差分隐私。

2. 随机化回答机制

如果要发布的数据不是数值型，那么需要用其他的方法引入噪声。这里介绍一种用于数据采集的简单机制：随机化回答。举例来说，假设一个小伙想在互联网上问一个敏感的是非题，比如"大家认为我和我的女朋友是否般配"。由于问题比较敏感，有些网友可能会不愿意给出真实的答案，这对结果统计可能没有什么意义。为了解决这个问题，如图 7-7 所示，我们可以让每个人在他的答案中加入随机噪声。

1）假设他的真实答案是"是"，掷一次骰子，如果掷出来的是 1，就回答真实答案是；如果掷出来是 2～6，就以投硬币的方式回答是或者否。

2）假设他的真实答案是"否"，也掷一次骰子，如果掷出来的是 1，就回答真实答案否；如果掷出来是 2～6，就以投硬币的方式回答是或者否。

由于回答存在随机性，因此攻击者并不能从一个回答者的答案中反推出他的真实答案。只要根据 ε 来调整随机化的概率，即可满足 ε- 差分隐私。

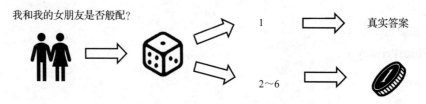

我和我的女朋友是否般配?

1 → 真实答案

2~6 →

图 7-7 随机化回答敏感是非题

如何从随机化回答中获得统计信息呢? 假设有 60 000 人按上面的规则进行了回复，其中有 28 000 个是，32 000 个否。可知，每个人以 5/6 的概率给的是假回复，即约有 50 000 人给出假回复，其中约有 25 000 个假是和 25 000 个假否。如图 7-8 所示，据此可以推算出来剩下的真实回复里约有 3000 个是和 7000 个否，即约有 70% 的人的答案为否。

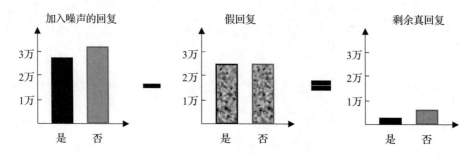

图 7-8 根据噪声分布反推源数据的分布

7.1.4 应用场景

事实上，差分隐私已经在较多的场景中得到了应用。

1）差分隐私数据库。类似上面例子中的艾滋病患者数据库，这类数据库只回答聚合查询的结果，通过在查询结果中加入噪声来满足 ε- 差分隐私。

2）差分隐私数据合成。这种场景的基本原理是先对源数据进行建模，得到一个统计模型，然后在统计模型中加入适当的噪声来合成满足 ε- 差分隐私的虚拟数据。

3）差分隐私的数据采集。一种典型的应用场景是从移动设备中采集用户数据，如应用程序的使用时长等。比较著名的有苹果公司利用差分隐私技术在 iOS 输入法中找出群体语言趋势，在联想词汇中给出预判；它还能对表情进行排序，优先展示常用表情，避免用户反复寻找。

4）差分隐私机器学习。在机器学习算法中引入噪声，使得算法生成的模型能满足 ε- 差分隐私，以防范通过模型反推出源数据记录的问题，比如谷歌的开源项目 TensorFlow Privacy（https://github.com/tensorflow/privacy）。

在了解了差分隐私的基本原理之后，我们接下来介绍一款名为 SmartNoise 的差分隐私开发框架。

7.2　开发框架 SmartNoise

微软与哈佛大学 OpenDP Initiative 合作研发并开源了用于差分隐私开发的 SmartNoise 框架。SmartNoise 项目主要的开发语言为 Python 和 Rust，其在对差分隐私应用的语言支持中以 Python 最为全面。该项目在 GitHub 上（https://github.com/opendp）使用商业友好的 MIT 协议开源。下面来看一下 SmartNoise 的构成。

7.2.1　SmartNoise 核心库的组成

SmartNoise 包含用于支持中心化差分隐私的不同组件，其顶级组件包含核心库和 SDK 库。核心库包含常见的差分隐私机制、统计工具和一些实用程序（参见表 7-1）。

表 7-1　SmartNoise 核心库包含的组件

机　制	统计工具	实用程序
□ 高斯机制 □ 简单几何机制 □ 指数机制 □ 拉普拉斯机制 □ ……	□ 计数 □ 直方图 □ 平均值 □ 分位数 □ 求和 □ 方差 / 协方差 □ ……	□ 强制转换（Cast） □ 数字化（Digitize） □ 过滤器（Filter） □ 钳位（Clamping） □ 填补（Imputation） □ ……

核心库还包含 3 个子项目，具体如下。

1）验证程序（Validator）：一个包含一组工具的 Rust 库。这些工具用于检查和推导数据的分析、计算是否满足差分隐私的必要条件，比如推导噪声的范围。如果不满足，则验证程序将阻止数据被分析和计算。

2）运行时（Runtime）：执行差分隐私数据分析和计算的媒介。目前，SmartNoise 用 Rust 编写了一个运行时。实际上，运行时也可以由任何计算框架（如 SQL 和 Spark）编写。

3）绑定（Binding）：用于构建差分隐私分析的工具库被称为绑定。绑定也可以基于任何语言实现。目前，SmartNoise 用 Python 语言实现绑定（https://github.com/opendp/smartnoise-core-python）。关于核心库的用法和具体支持的功能，读者可参考其 Python 接口文档：https://opendp.github.io/smartnoise-core-python/。

7.2.2 基于核心库进行数据分析

SmartNoise 使用"分析"这一概念来描述任意的数据分析和计算，比如计算平均值或者方差。为了使数据能通过程序的验证并最终生成满足差分隐私的结果，我们通常还需要限定数据集的一些属性，比如 upper（上界）、lower（下界）、nullity、n 等。最后，通过 analysis.release 函数来完成差分隐私的计算。下面我们就来介绍一下这些属性的用法。

1. upper 和 lower 属性

upper 和 lower 属性是最常见的一组属性，用于精确校准干扰数据，以确保差分隐私。在一些需要处理离群值或缺失值的情况下，我们也会使用这组属性。比如，如果需要查询数据的平均值且要求满足差分隐私，验证程序就会要求为输入数据定义好上下界。定义数据的上下界可以使用钳位组件（包含在核心库的实用程序组件中）来限定数据的范围。代码清单 7-1 给出了一个使用钳位组件来限定数据范围的例子。

代码清单7-1 使用钳位组件来限定数据范围的示例

```
with sn.Analysis() as analysis: #使用分析来描述计算
  data = sn.Dataset(path = data_path, column_names = var_names)
  age_dt = sn.to_float(data['age'])
  #使用钳位组件来限定数据范围
  clamped_age_dt = sn.clamp(age_dt, lower = 0., upper = 100.)
analysis.release()
```

2. nullity 属性

nullity 属性用于表示数据集是否包含 null。在某些计算中（比如 dp_mean），我们需要确保数据不是 null。如果数据集中的确存在值是 null 的数据，我们可以使用 impute

方法来替换 null 值的数据，并且使替换的值服从指定的分布。代码清单 7-2 给出了一个使用 impute 方法来替换 null 的例子。

代码清单7-2　使用impute方法来替换null的示例

```
age_dt = sn.impute(data = age_dt, distribution = 'Gaussian',
                   lower = 0., upper = 100.,
                   shift = 45., scale = 10.)
```

3. n 属性

n 属性用来评估相关数据的数量。通常情况下，其值可以是真实数据的数量、经验评估值或者差分隐私流程中生成的值。比如计算数据的平均值时，验证程序也会要求定义好数据的数量。代码清单 7-3 给出了一个使用 resize 来设置数据数量为 1000 的例子。

代码清单7-3　使用resize来设置数据数量的示例

```
age_dt = sn.resize(data = age_dt, number_rows = 1000,
                   distribution = 'Gaussian',lower = 0., upper = 100.,
                   shift = 45., scale = 10.)
```

细心的读者可能会问，如果设置的数量与真实的数量不符会发生什么呢？事实上，resize 会根据 n 和真实数据的数量生成一个新的数据集。如果 n 小于等于真实数据的数量，resize 会从真实数据中选出 n 条数据生成新的数据集。如果 n 大于真实数据的数量，resize 会使用全部的真实数据，同时会根据真实数据的情况按数据缺失处理数据的填充。

在有些特殊场景下，数据集的真实大小本身就是隐私信息，比如某个社区里患有艾滋病的总人数。因此，SmartNoise 并不要求提供真实数据的数量。那么，如果确实不了解数据集的真实大小，该怎么设置呢？我们还是可以使用差分隐私的办法来获取数据的数量，如代码清单 7-4 所示。

代码清单7-4　使用差分隐私的办法来获取数据的数量的示例

```
dp_num_records = sn.dp_count(data= age_dt,
                             privacy_usage={'epsilon': .05},
                             lower=0,
                             upper=10000
                             ) #使用差分隐私的办法来获取数据的数量
age_mean = sn.dp_mean(data = age_dt,
                      privacy_usage = {'epsilon': .1},
                      data_lower = 0.,
                      data_upper = 100.,
                      data_rows = dp_num_records #差分隐私获取到的数据数量
```

上面提到的这些属性可以静态确定，无须接触真实数据，并且分析中的每一步都将被更新。但是在调用 analysis.release 之前，用户是无法知道本次分析是否能通过差分隐私的程序验证的，因此需要特别注意每一步处理后的数据是否能满足验证程序的要求。

代码清单 7-5 给出一个数据满足差分隐私时计算平均值和方差的例子。

代码清单7-5　数据满足差分隐私时计算平均值和方差的示例

```
import os
import sys
import numpy as np
import opendp.smartnoise.core as sn
data_path = os.path.join('.', 'data', 'PUMS.csv')
var_names = ["age", "sex", "educ", "race", "income", "married", "pid"]
with sn.Analysis() as analysis: #使用分析来描述计算
  data = sn.Dataset(path = data_path, column_names = var_names)
  age_dt = sn.to_float(data['age'])
  age_dt = sn.clamp(age_dt, lower = 0., upper = 100.)
  age_dt = sn.impute(data = age_dt,
                     distribution = 'Gaussian',
                     lower = 0., upper = 100.,
                     shift = 45., scale = 10.)
  age_dt = sn.resize(data = age_dt, number_rows = 1000,
                     distribution = 'Gaussian',
                     lower = 0., upper = 100.,
                     shift = 45., scale = 10.)
  # 计算满足差分隐私的年龄的平均值
  age_mean = sn.dp_mean(data = age_dt, privacy_usage={'epsilon': .65})
  # 计算满足差分隐私的年龄的方差
  age_var = sn.dp_variance(data = age_dt, privacy_usage={'epsilon': .35})
analysis.release()
print(age_mean.value)
print(age_var.value)
```

多次运行上述程序可能就会发现每次输出结果略有不同，这就是噪声在起作用。另外，这样一步一步设置属性比较烦琐，因此 SmartNoise 提供了快捷方式，比如直接设置相关参数来调用 dp_mean，如代码清单 7-6 所示。

代码清单7-6　直接设置相关参数来调用dp_mean的示例

```
age_mean = sn.dp_mean(data = age_dt,
                      privacy_usage = {'epsilon': .65},
                      mechanism = 'Snapping',
                      data_lower = 0.,
                      data_upper = 100.,
```

```
data_rows = 1000
)
```

> 💡 **提示** 这里甚至没有提供用于替换 null 值的数据分布，而是由 SmartNoise 直接使用默认值。这里的 dp_mean 还可以通过 mechanism 参数直接指定。

7.2.3　SmartNoise SDK 库的组成

如表 7-2 所示，SmartNoise SDK 库主要提供数据访问（Data Access）工具、REST 服务工具以及评估器（Evaluator）。数据访问工具主要用于处理表格数据和关系型数据；REST 服务工具基于 Python 的 Flask（一个使用 Python 编写的轻量级 Web 应用程序框架）提供 REST 接口，支持使用微软开源的 AutoRest 工具自动生成调用 REAT API 的客户端；评估器用于检测隐私是否被侵犯，评估差分隐私分析的准确性等。

表 7-2　SmartNoise SDK 提供的工具和服务

数据访问工具	REST 服务工具	评估器
用于截获和处理 SQL 查询并生成报表的库。基于 Python 语言实现，支持以下 ODBC 和 DB-API 数据源 ❑ PostgreSQL ❑ SQL Server ❑ Spark ❑ Preston ❑ Pandas	为数据共享提供 REST 服务，旨在允许各种异构的差分隐私模块进行可插拔式的组合。对同一数据源的异构请求都占用隐私预算	用于检查隐私侵犯、差分隐私分析准确性，支持以下测试 ❑ 隐私测试：确定查询结果是否符合差分隐私的条件 ❑ 准确性测试：度量查询结果的可靠性是否在给定 95% 置信度的上下限范围内 ❑ 实用性测试：确定查询结果的置信界限是否足够接近数据，同时仍能最大限度地保护隐私 ❑ 偏差测试：度量重复查询结果的分布，确保它们不会失衡

SmartNoise SDK 库主要通过 evaluate 函数计算差分隐私评估指标，其中包含 KL 散度、JS 散度（jensen_shannon_divergence）、Wasserstein 距离、均方误差、标准偏差等多个指标。

7.2.4　基于 SDK 库进行 SQL 统计查询

以数据访问为例，SDK 库提供 PrivateReader 来统一封装数据读取方法。代码清单 7-7 展示了使用 PrivateReader 执行满足差分隐私的 SQL 统计查询。

代码清单7-7　满足差分隐私的SQL统计查询代码

```
import pandas as pd
from opendp.smartnoise.sql import PandasReader, PrivateReader
```

```
from opendp.smartnoise.metadata import CollectionMetadata
pums = pd.read_csv('data/PUMS.csv')
meta = CollectionMetadata.from_file('data/PUMS.yaml')
query = 'SELECT married, COUNT(pid) AS n FROM PUMS.PUMS GROUP BY married'
reader = PandasReader(pums, meta)
result = reader.execute(query)
print("True data:              " + str(result))        #真实数据
private_reader = PrivateReader(reader, meta, 4.0) #epsilon越大，隐私保护越弱
result_dp = private_reader.execute(query)
print("DP data(epsilon=4.0): " + str(result_dp))
private_reader = PrivateReader(reader, meta, 0.2) #epsilon越小，隐私保护越强
result_dp = private_reader.execute(query)
print("DP data(epsilon=0.2): " + str(result_dp))
```

从下面的执行结果可以看出，差分隐私查询结果存在一定噪声。

```
True data:              [('married', 'n'), (0, 451), (1, 549)]
DP data(epsilon=4.0): [['married', 'n'], [False, 452], [True, 545]]
DP data(epsilon=0.2): [['married', 'n'], [False, 457], [True, 538]]
```

 提示 多次执行可以发现，epsilon 越小，噪声越大。

7.2.5　通过 Docker 构建环境

SmartNoise 的 Python 库安装非常方便，直接使用 Python 的包管理工具 pip 安装即可，参见下面的安装命令：

```
pip install opendp-smartnoise
```

为了方便读者快速使用，代码清单 7-8 列出了用于构建 SmartNoise 运行环境的 Docker 镜像的代码，供读者参考。

代码清单7-8　用于构建SmartNoise运行环境的Docker镜像的代码

```
FROM ubuntu:20.04
RUN apt-get update && \
  apt-get install -y \
  python3-pip
#使用国内镜像加速Python包的安装
RUN pip3 install opendp-smartnoise numpy pandas scipy matplotlib \
  -i http://mirrors.aliyun.com/pypi/simple/ --trusted-host mirrors.aliyun.com
#可以将宿主机中的代码挂载到容器的projects目录上，使用容器来运行
```

```
VOLUME ["/root/projects"]
WORKDIR /root/projects
```

接下来使用如下命令编译 Docker 镜像以及在容器内运行程序：

```
docker build -t smartnoise
docker run -it --rm --name smartnoise -v `
  C:\ppct\smartnoise:/root/projects smartnoise
python3 sqldemo.py
```

7.3　应用案例：美国人口数据统计

这里使用一个公开的美国人口统计数据集 PUMS（Public Use Microdata Samples，美国人口统计局提供的公众微观采样数据）来演示如何使用简单几何机制以及拉普拉斯机制进行满足差分隐私的数据的查询。从数据集 PUMS 中选取 1000 条数据，包含年龄、性别、教育、收入等字段，并对其中三个不同类型的数据使用直方图进行统计分析。

❑ "收入"字段属于连续型变量，这里采用分箱策略，分成 10 个数据段。
❑ "性别"字段属于二分类变量，转化成布尔型后直接采用直方图进行分析。
❑ "教育"字段属于多分类变量，根据其分类进行归类统计。

7.3.1　简单几何机制的直方图分析

参考 7.2.1 节中提到的 Python 接口文档，我们可以找到差分隐私直方图的接口定义，如代码清单 7-9 所示。该接口默认使用的就是简单几何机制。

代码清单7-9　dp_histogram接口定义

```
opendp.smartnoise.core.components.dp_histogram(data, edges=None,
categories=None, null_value=None, lower=0, upper=None, inclusive_left=True,
mechanism='SimpleGeometric', privacy_usage=None, **kwargs)
```

> 提示　根据 Llya 的研究（https://crysp.uwaterloo.ca/courses/pet/F18/cache/Mironov.pdf），由于拉普拉斯机制在添加服从拉普拉斯分布的噪声时使用了浮点数运算（高斯机制、指数机制也有类似问题），在某些特殊情况下可能泄露隐私。而简单几何机制没有使用复杂的浮点数运算，没有浮点数安全问题，因此 dp_histogram 默认使用简单几何机制。

表 7-3 是差分隐私 dp_histogram 接口的参数说明。

表 7-3　dp_histogram 接口的参数

参数名称	参数说明
edges	用于对连续型变量进行分箱时设定分箱的边界，仅用于连续型变量
categories	用于设定数据的分类，仅用于分类型变量
null_value	在指定分类后，如果数据不属于指定分类中的任何一类，则将数据映射到该类。其仅适用于 categories 不为 None 的情况
lower	预计各分箱中最少的个数，在使用快照机制时必须设置
upper	预计各分箱中最多的个数，在使用快照机制时必须设置
inclusive_left	分箱边界是否是左包含，true 为左包含，即 [lower, upper)；否则为右包含
mechanism	差分隐私机制，需为 SimpleGeometric、Laplace、Snapping、Gaussian、AnalyticGaussian 中的一种。如果 protect_floating_point 为 true，其只能为 SimpleGeometric
privacy_usage	描述机制使用的隐私，比如 ε 和 δ

基于 dp_histogram 接口，对 'income'、'sex'、'educ' 三个字段进行差分隐私直方图分析，如代码清单 7-10 所示。

代码清单7-10　差分隐私直方图分析示例

```python
import os
import opendp.smartnoise.core as sn
data_path = os.path.join('.', 'data', 'PUMS.csv')
var_names = ["age", "sex", "educ", "race", "income", "married"] #字段名称
income_edges = list(range(0, 100000, 10000)) #收入分成10段
education_categories = ["1", "2", "3", "4", "5", "6", "7", "8", "9", "10",
                        "11", "12", "13", "14", "15", "16"]
with sn.Analysis() as analysis:
  data = sn.Dataset(path = data_path, column_names = var_names)
  nsize = 1000
  #使用核心库支持的差分隐私直方图统计工具
  income_histogram = sn.dp_histogram(
      sn.to_int(data['income'], lower=0, upper=100),  #强制转化成整型
      edges = income_edges,                           #数据分箱
      upper = nsize,                                  #分箱后单一箱体内的最大数据量
      mechanism = 'SimpleGeometric',                  #采用简单几何机制
      privacy_usage = {'epsilon': 0.5}
  )
  sex_histogram = sn.dp_histogram(                    #dp_histogram默认使用简单几何机制
      sn.to_bool(data['sex'], true_label="0"),        #强制转化成布尔型
      upper = nsize,
      privacy_usage = {'epsilon': 0.5}
  )
```

```
education_histogram = sn.dp_histogram( #dp_histogram默认使用简单几何机制
    data['educ'],
    categories = education_categories,
    null_value = "-1",                #如果数据不在categories范围内,将其设为-1
    privacy_usage = {'epsilon': 0.5}
)
analysis.release()
print("Income histogram Geometric DP release: " + str(income_histogram.value))
print("Sex histogram Geometric DP release:     " + str(sex_histogram.value))
print("Education histogram Geometric DP release:" + str(education_histogram.value))
```

最后输出结果如下（因为有随机噪声，每次执行产生的结果会有不同）：

```
Income histogram Geometric DP release:   [328 183 136 104  53  45  40  21  21  74]
Sex histogram Geometric DP release:      [487 510]
Education histogram Geometric DP release:[ 24  15  41  13  22  19  26  54 203  62
                                          165  74 185  55  25  20   3]
```

7.3.2　拉普拉斯机制的直方图分析

在进行直方图分析时，我们也可以先使用 histogram 接口（不同于 dp_histogram）生成直方图，再应用差分隐私机制。代码清单 7-11 展示了使用这种方法进行拉普拉斯机制的直方图分析。

代码清单7-11　使用histogram接口进行拉普拉斯机制的直方图分析

```
import os
import opendp.smartnoise.core as sn
data_path = os.path.join('.', 'data', 'PUMS.csv')
var_names = ["age", "sex", "educ", "race", "income", "married"] #字段名称
income_edges = list(range(0, 100000, 10000)) #收入分成10段
education_categories = ["1", "2", "3", "4", "5", "6", "7", "8", "9", "10",
                        "11", "12", "13", "14", "15", "16"]
#使用拉普拉斯机制时需要关闭protect_floating_point
with sn.Analysis(protect_floating_point=False) as analysis:
  data = sn.Dataset(path = data_path, column_names = var_names)
  nsize = 1000
  income_prep = sn.histogram(sn.to_int(data['income'], lower=0, upper=100000),
    edges=income_edges) #数据分箱
  income_histogram = sn.laplace_mechanism(income_prep,
    privacy_usage={"epsilon": 0.5, "delta": .000001}) #delta越小,安全性越高
  sex_prep = sn.histogram(sn.to_bool(data['sex'], true_label="0"))
  sex_histogram = sn.laplace_mechanism(sex_prep,
    privacy_usage={"epsilon": 0.5, "delta": .000001})
  education_prep = sn.histogram(data['educ'],
```

```
        categories = education_categories,
        null_value = "-1") #如果数据不在categories范围内，将其设为-1
    education_histogram = sn.laplace_mechanism(education_prep,
        privacy_usage={"epsilon": 0.5, "delta": .000001})
analysis.release()
print("Income histogram Laplace DP release:    " + str(income_histogram.value))
print("Sex histogram Laplace DP release:       " + str(sex_histogram.value))
print("Education histogram Laplace DP release:  " + str(education_histogram.value))
```

 提示　由于拉普拉斯机制存在上文提到的浮点数安全问题，在使用时需要设置 protect_floating_point=False，否则运行时会报错。

总之，使用 SmartNoise 来实现满足差分隐私的数据的查询还是比较方便的，但如果所需使用的统计方法不在 SmartNoise 提供的工具库中，实现起来还是存在一定的挑战。

7.4　扩展阅读

7.4.1　机器学习中的隐私攻击

机器学习是指将大量数据加载到程序中并选择一种模型拟合数据，使得计算机具有预测、判断的能力。近年来，随着技术的发展，机器学习应用越来越普遍，同样也面临着各种隐私攻击问题。

1. 成员推断攻击

成员推断攻击是指攻击者试图判断某条记录是否存在于目标模型的训练数据集中。当训练数据包含交易数据或者医疗数据等敏感信息时，个人隐私数据是否存在于特定训练集中是不能泄露的。然而，成员推断攻击可能导致此类隐私信息泄露。其原理可以类比为学生参加考试，学生在碰到之前做过的题目和没做过的题目的反应是完全不一样的，监考老师可以从学生做题的反应反推出学生是否碰到过这个考试题目。

2. 模型倒推攻击

模型倒推是指通过模型的输出反推训练集中某条目标数据的部分或全部属性值。有研究者将患者的人口统计数据作为辅助信息，以预测药物剂量的线性回归模型作为目标模型，根据模型输出成功地恢复出患者的部分基因组信息。这项研究说明，即使攻击者仅有对模型预测接口的访问能力，也可以通过反复请求目标模型得到训练集中用户的敏感数据。

3. 参数提取攻击

参数提取攻击是指在目标模型参数不公开的情况下，攻击已知模型的部分结构信息以及标签信息，试图通过访问目标模型反推出模型参数。一般而言，避免向模型训练服务商付费、期望在掌握模型参数后提高对模型训练集的攻击成功率以及规避恶意邮件识别模型的检测等都是攻击者发起模型参数提取攻击的动机。

目前，差分隐私技术已经在机器学习中得到了不少应用，比如在训练数据中添加噪声、在模型训练中对目标函数添加噪声、在模型训练中对参数或梯度添加噪声、在模型的输出结果上添加噪声等。

7.4.2　差分隐私模型训练开源库 Opacus

2020 年，Facebook 开源了 Opacus 库（https://github.com/pytorch/opacus），其支持使用差分隐私技术来训练 PyTorch 模型。Opacus 库支持以最少代码更改来训练模型，且不会影响训练性能，并允许在线跟踪任意给定时刻的隐私预算。

具体来说，Opacus 库重点是利用了差分隐私随机梯度下降（DP-SGD）。该算法的核心思想是通过干预权重更新的梯度来保护训练集的隐私，而不是直接获取数据。通过在每次迭代中向梯度添加噪声，Opacus 可以防止模型记住训练样本。

7.5　本章小结

差分隐私具有以下 3 个最重要的优点。

1）差分隐私严格定义了攻击者的背景知识。除了目标记录，攻击者知晓原数据中的所有信息，这样的攻击者几乎是最强大的，而差分隐私在这个强大的假设下依然能有效保护隐私信息。

2）差分隐私拥有严谨的统计学模型，极大地方便了数学工具的使用以及定量分析和证明。

3）差分隐私不需要特殊的攻击假设，不关心攻击者拥有的背景知识，量化分析隐私泄露的风险。

差分隐私的弱点也很明显：不管发布的数据是否是数值型，噪声的引入会导致数据的可用性下降。特别是对于那些复杂的查询，有时候随机结果几乎掩盖了真实结果。因此，差分隐私需要在隐私和可用性之间寻找平衡。

开源框架 SmartNoise 提供了一系列支持中心化差分隐私的组件和工具，为快速搭建差分隐私系统提供了很好的帮助。它还全面支持 Python，比较适合用于机器学习场景。

第 8 章 *Chapter 8*

可信执行环境技术的原理与实践

前面介绍的几种隐私计算技术都属于采用密码学和分布式系统的软件解决方案。除此之外，隐私计算技术还有另外一个流派，即可信执行环境（Trusted Execution Environment，TEE）解决方案。而在可信执行环境解决方案中，Intel SGX 是主要代表。因此，本章将着重介绍可信执行环境的原理，然后介绍如何基于 Intel SGX SDK 进行编程开发，并介绍一款可信执行环境的开源开发框架 Teaclave。为了在实践中熟悉 Teaclave 的使用方法，本章基于 Teaclave 实现了隐私集合求交以及隐私数据求和。另外，鉴于可信执行环境与可信计算有着密不可分的关系，本章还将对可信计算做进一步的介绍。

8.1 可信执行环境的原理

不管是 PC 端还是手机移动端，在很多场景下，应用程序需要处理大量的用户隐私信息，如密码、加密密钥和看病记录等。应用程序运行在操作系统中，在大多数情况下，操作系统具有执行安全策略的职责（操作系统需避免将当前用户的隐私信息泄露给其他用户和应用程序），例如操作系统应当防止未经授权的用户或应用程序访问其他用户的文件或其他应用程序的内存空间。然而，大多数计算机系统以及现在的云服务仍然存在一个显著的漏洞，即用户数据可能受到特权软件的访问甚至篡改，这导致用户只能被动地相信系统管理员不会窃取隐私数据、被动地相信云服务供应商的可靠性。针对上述问题，可信执行环境这一概念被提了出来。

一般认为最早提出可信执行环境概念的是 OMTP（Open Mobile Terminal Platform，开放移动终端平台）组织，其在 2009 年给出了可信执行环境的定义，但是并没有将其制定成标准。2010 年 7 月，GP（Global Platform，全球平台）组织首次提出了一整套 TEE 标准体系。图 8-1 是 GP 提出的 TEE 架构图。GP 提出的 TEE 标准体系也是当前许多厂商参考并定义各种开源产品功能接口的规范。但是由于 GP 提出的标准并不完整、不彻底，不同的 TEE 厂商提供的方案还是存在较大的不同。

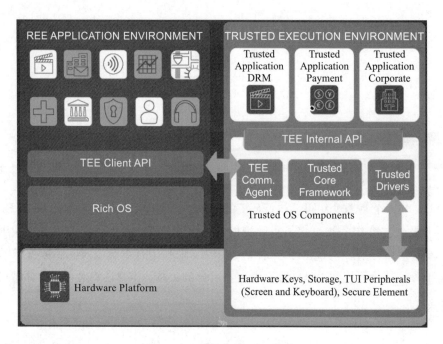

图 8-1　GP 提出的 TEE 架构

图 8-1 中的 Rich OS 就是我们平时使用的操作系统，比如 Android、iOS、Linux、Windows 等通用的 OS。Rich OS 为上层 APP 提供底层硬件设备的功能，并且这些功能都是开放、通用的。基于 Rich OS 的应用程序运行环境也被简称为富执行环境（Rich Execution Environment，REE）。

TEE 与 REE 隔离，且与 REE 之间只能通过特定的入口进行通信，但并不规定以某一种硬件来实现。隔离是可信执行环境的本质属性，可以是通过软件实现，也可以是通过硬件实现，或者是软硬件一体实现。目前，产业界就有不同的实现形态，有硬件厂商如 ARM、Intel 等基于硬件的实现方案（比如 ARM TrustZone 和 Intel SDX），有虚拟化与安全技术厂商如 Sierraware 等基于软硬件的实现方案（比如既支持 ARM TrustZone，又支持采用 MIPS OmniShield 虚拟化技术来实现隔离的 Sierra TEE），还有开源社区的基于软件的实现方案（比如 Open-TEE）。

TEE Internal API 向上为 Trusted OS 提供功能，如与 CA 通信、TA（Trusted Application）与 TA 通信、安全存储、密码学功能等。TEE 运行时能使用 CPU 等其他硬件资源，即系统的算力资源可共享给 TEE，因此 TEE 运行时具备较高的计算性能。TEE 可同时运行多个 TA，当然 TA 之间是相互隔离的。

8.2　基于硬件的可信执行环境 Intel SGX

目前，较为成熟的基于硬件的可信执行环境的技术主要有 ARM TrustZone 和 Intel SGX。在这两种技术中，外界应用程序均无法访问处于可信执行环境中的应用程序所使用的内存空间。Intel SGX 是可信执行环境的主要代表，且广受云服务商的青睐。目前，很多 Intel CPU 都支持 Intel SGX，因此本章以介绍 Intel SGX 为主。

8.2.1　SGX 的安全特性

SGX 全称 Software Guard eXtension，是 Intel 在 2013 年推出的指令集扩展，以硬件安全为强制性保障，不依赖固件和软件的安全状态，提供用户空间的可信执行环境。SGX 通过一组新的指令集扩展与访问控制机制，实现不同程序间的隔离运行，保障用户关键代码、数据的机密性与完整性不受恶意软件的破坏。

SGX 并不是识别和隔离平台上的所有恶意软件，而是将合法软件的安全操作封装在一个 Enclave（飞地，也有人将其翻译成围圈）中，以保护其不受恶意软件的攻击。特权或者非特权软件都无法访问 Enclave。一旦软件和数据位于 Enclave 中，即便操作系统也无法影响 Enclave 里面的代码和数据。也就是说，SGX 的可信计算基（Trusted Computing Base，TCB）是计算机系统内保护装置的总体，包括硬件、固件、软件和负责执行安全策略的组合体。任何特权软件，比如 OS、Hypervisor、BIOS 等都不包含在可信计算基内。

总体而言，SGX 的安全特性主要依赖以下几个功能。

❑ 物理隔离的可信执行环境。SGX 是与设备上的 Rich OS 并存的运行环境，并且给 Rich OS 提供安全服务。SGX 所能访问的软硬件资源是与 Rich OS 分离的。SGX 提供了可信应用程序（Trusted Application，即授权安全软件）的安全执行环境，同时提供对可信应用程序的资源的保护和访问权限控制，保障数据安全、完整。在 SGX 中，可信应用程序之间是相互独立的，而且在未授权的情况下不能互相访问。

❑ 硬件设备真实性验证。SGX 有与硬件设备绑定的设备密钥。该设备密钥用于配合外部软件验证服务来验证 SGX 硬件设备的真实性，以此甄别出由软件恶意模拟出来的虚拟设备。

❑ 物理篡改检测自毁机制。当传感器检测到外部硬件攻击时，SGX 存储数据模块会对其中的数据进行清零保护。

8.2.2　SGX 可信应用程序执行流程

典型的 SGX 可信应用程序执行流程可以抽象为以下 3 个阶段。

1. 硬件设备注册

SGX 硬件设备向远程硬件鉴证服务请求设备注册。远程硬件鉴证服务根据 SGX 硬件设备的内置绑定密钥，结合其他系统参数，判断该硬件设备是否为真实物理设备，而不是软件模拟出来的虚拟设备。同时，远程硬件鉴证服务根据黑名单机制，判断该硬件设备是否为已知的被破解或遗失设备。如果以上验证都通过，硬件设备注册完成。远程硬件鉴证服务与 SGX 硬件设备进行密钥协商，各自生成未来进行远程设备鉴证所需的密钥，并在自身存储介质中保存对应的数据。

2. 可信应用程序部署

应用程序提供方将可信应用程序作为输入，调用创建 Enclave 的系统接口进行可信应用程序的部署。一般情况下，可信应用程序在部署过程中至少会生成一对公私钥用于未来调用过程中的通信数据加解密。其中，私钥的明文仅存在于 Enclave 中，公钥作为返回值，返给应用程序提供方。

部署完成之后，应用程序提供方通过 SGX 硬件设备提供的 Enclave 测量接口，对已部署的可信应用程序做一个整体测量。生成的测量报告包含一系列部署后的软硬件属性和内存中代码的哈希值。SGX 硬件设备向远程硬件鉴证服务请求证明自己的合法性。

如图 8-2 所示，在这个过程中，客户端的软硬件平台信息、相关 Enclave 中的指纹信息等将会首先发送到服务提供者的服务器，然后由服务提供者的服务器转发给 SGX 的远程鉴证服务器。鉴证通过之后，远程鉴证服务器会对测量报告进行签名。

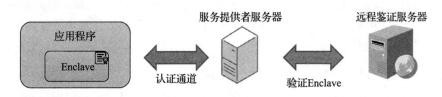

服务提供者服务器　　　　　　远程鉴证服务器

应用程序

Enclave

认证通道　　　　　　验证Enclave

图 8-2　SGX 设备远程鉴证

3. 可信应用程序调用

用户从应用程序提供方获得附带远程硬件鉴证服务签名的可信应用程序测量报告，验证其签名的有效性。验证通过之后，用户使用在部署阶段生成的公钥，对调用所需的参数进行加密，并选择性地附加一个返回值加密密钥。该返回值加密密钥将用于在返回结果时对结果进行加密。

用户将加密后的调用参数发送给 SGX 硬件设备。在 Enclave 的隔离运行环境中，可信应用程序用部署阶段生成的私钥，将密文参数解密成明文，并完成约定的计算。如果在调用程序时传入了返回值加密密钥，返回结果将使用该密钥进行加密，否则将直接返回结果明文。

用户可以酌情在实际调用程序的前后，请求 SGX 硬件设备对 Enclave 中已部署的可信应用程序进行新一轮测量，并从远程硬件鉴证服务器处获得最新的鉴证结果。

8.2.3　SGX 相比纯软件方案的优势

相比纯软件的隐私保护解决方案（比如之前介绍的同态加密、混淆电路等软件加密方案），SGX 的优势主要体现在以下 3 个方面。

1. 计算性能高

一些纯软件的解决方案在密文计算下所需的计算时间要比明文计算所需的时间多百倍以上甚至更高。相比于纯软件的隐私保护解决方案，SGX 能充分利用硬件的性能优势。因此，在很多有计算时效性要求的隐私保护场景下，SGX 更受青睐。

2. 可扩展性强

在大数据场景下，一些纯软件的隐私保护解决方案还不是十分成熟，可扩展性低。SGX 则相对比较容易与现有技术集成，比如可快速结合现有分布式计算技术提升系统的扩展性和计算能力。

3. 应用程序可验证

应用程序部署以后可由远程鉴证服务进行认证签名，用户在实际调用应用程序时可对已部署的应用程序进行测量，确认应用程序未经篡改。纯软件的隐私保护解决方案却很难做到这一点，无法保证计算过程中严格按照协议执行。

8.2.4　SGX 的不足

尽管 SGX 的优势颇具吸引力，广受云服务商的青睐，但其也存在一些不足，主要体现在以下几点。

1. 可能受到侧信道攻击

比如通过获取并分析运行过程中的能量消耗、电磁辐射、运行时间等侧信道信息（Side Channel Information）恢复出隐私数据。事实上，最近几年已经多次爆出 SGX 相关的侧信道攻击漏洞。

2. 用户必须相信硬件厂商和平台服务商

即使除去硬件设备的设计和生产缺陷，远程认证和可信应用程序部署阶段的有效性也在一定程度上依赖于远程硬件鉴证服务是否诚实、是否被破解、是否有最新的黑名单信息。由于这一服务通常由硬件厂商或者平台服务商提供，因此这也涉及了中心化信任问题。

3. 漏洞曝光后可能难以及时修复

一旦曝光新的 SGX 安全风险，我们可能难以将其及时修复。其原因主要可能有以下几方面。

- ❏ 硬件模块无法升级：虽然可以通过升级固件的方式对绝大多数的密码学算法进行升级，但一些关键硬件模块可能无法通过软件升级，只能替换硬件。
- ❏ 硬件修复耗费时间长：即使安全风险曝光后马上有了新的硬件方案，其生产、购买所耗时间往往比较长，这段时间内原有方案将暴露在安全风险之下。

❑ 硬件进出口限制。

❑ 硬件替换操作成本高：如果需要大规模替换物理硬件设备，其综合成本将远高于大规模软件替换。

4. 密钥管理面临可用性问题

SGX 方案的黑盒设计通常会限定隐私数据相关的密钥只能在 SGX 硬件设备中使用，并且这些密钥不能离开这一设备。这虽然保障了密钥的安全，但同时也产生了可用性问题。如果这一 SGX 硬件设备发生损坏或断电，对应的数据就会因无法获得密钥而无法使用，这对于需要高可用性的数据平台类业务往往是难以接受的。

门限密码学方案可在一定程度上缓解可用性问题。在实际方案设计中，我们可以引入一个外部密钥管理服务来实现密钥的备份和再分发，但这样就与 SGX 倡导的密钥从不离开硬件设备的理念产生了矛盾。由此可见，为了保持系统高可用性，SGX 的安全性可能会降低。

8.3　Intel SGX 开发入门

硬件的使用离不开软件，Intel 推出硬件方案的同时也提供了 SGX SDK（这是一个函数库、文档、样本源代码和工具的集合），同时提供 Microsoft Visual Studio 插件，允许应用开发人员用 C/C++ 创建和调试 SGX 的应用程序。下面就来介绍一下如何使用 Intel SGX SDK 进行应用程序的开发。

8.3.1　判断系统是否支持 SGX

SGX 应用程序的开发工作并不要求电脑硬件一定支持 SGX。如果电脑硬件不支持 SGX，开发人员还可以在 Intel SGX SDK 内置的模拟器中运行和调试 Enclave 程序。当然，既然是进行 SGX 应用程序的开发，直接在支持 SGX 的硬件环境中进行更为稳妥。读者可以去 Intel 官网查询自己电脑的 CPU 型号是否支持 SGX，这是比较快捷的方式。另外，技术爱好者在 GitHub 上（https://github.com/ayeks/SGX-hardware）维护了一个支持 SGX 的硬件列表，感兴趣的读者也可以了解一下。要使用 SGX 功能，除了 CPU 需要支持 SGX 之外，还取决于两个组件：BIOS 和平台软件包（PSW）。下面进行具体介绍。

1. BIOS

一些设备需要在 BIOS 中手动开启 SGX 功能，也有一些设备 CPU 虽然支持 SGX，但是缺乏 BIOS 的支持，因而无法使用 SGX 功能。不同 OEM 提供的 BIOS 支持不同，而且即使是同一个 OEM，不同产品线提供的 BIOS 支持也可能不尽相同。如表 8-1 所示，一般而言，BIOS 中设置 SGX 的选项共有 3 个。

表 8-1　BIOS 中的设置选项

设　置	含　义
Enabled（启用）	Intel SGX 已启用，可用于各应用程序
Software Controlled（软件控制）	Intel SGX 最初处于禁用状态，只有通过软件启用，才能投入使用（称为"软件选择"）。通过软件启用 Intel SGX 时，要求系统重启。Intel 建议 OEM 和 ODM 提供 Software Controlled 模式，并将其设为默认设置
Disabled（禁用）	Intel SGX 已明确禁用，无法通过软件启用。该设置只能在 BIOS 中更改

> 注 意　Intel SGX 启用后就会占用一部分系统资源，因此在一些 BIOS 中，SGX 默认是禁用的。另外，BIOS 中可能仅包含启用和禁用 SGX 两个选项，甚至根本没有提供选项。

2. 平台软件包（PSW）

如果要运行 Intel SGX 应用，系统必须安装 Intel SGX 平台软件包。PSW 中包括运行时库；帮助最终用户支持并维护系统上的可信计算模块的服务；执行并管理关键 Intel SGX 操作（比如验证）的服务；平台服务界面。

我们在开发隐私计算应用的软件安装包时需要注意在应用安装流程中检测系统是否支持 Intel SGX，如果支持，则安装或升级 PSW；如果不支持，系统应根据情况决定下一步操作，具体实施流程如下。

1）调用 sgx_is_capable。该函数用于确定系统是否能够在当前运行环境下执行 Intel SGX 指令。如果系统支持 Intel SGX，进入第 2 步；如果不支持，则不安装 PSW，并根据自身情况决定下一步骤，但通常的选项包括：

❏ 继续安装应用（如果应用代码既支持 Intel SGX，也支持非 Intel SGX）。
❏ 安装非 Intel SGX 版应用（如果以单独二进制文件分发了非 Intel SGX 版应用）。

❑ 完全终止安装并告知用户软件不兼容该设备配置（如果应用一定需要 Intel SGX 的支持）。

2）运行 PSW 安装程序。如果安装成功，进入第 3 步，否则中止安装。

3）调用 sgx_cap_enable_device 函数以启用 Intel SGX，然后查看返回结果。

❑ 如果结果为 Intel SGX 已启用，无须进行下一步。

❑ 如果成功启用 Intel SGX 但需要重启系统，提示用户需要重启才能运行新安装的应用。

❑ 如果成功启用 Intel SGX 但不需要重启系统，无须进行下一步。

❑ 如果启用 Intel SGX 失败，向用户显示错误。

🛈 注
意　两个函数 sgx_is_capable 和 sgx_cap_enabled_device 均需要管理员权限。不过，应用安装程序通常也要求这一级别的许可。

8.3.2　SGX 开发环境简介及搭建

工欲善其事，必先利其器。Intel SGX SDK 提供了 Microsoft Visual Studio 插件。相对来说，采用 Visual Studio 进行开发会比较方便，所以这里以使用 Visual Studio 开发为例介绍 Windows 下 SGX 开发环境的搭建。

1）安装 Intel SGX SDK 集成开发环境所需的 Microsoft Visual Studio 开发工具。

我们可以从 https://visualstudio.microsoft.com/downloads 下载 Microsoft Visual Studio 安装包，社区版的 Visual Studio 2019 就可以满足开发要求。

🛈 注
意　这里需要安装的是 Microsoft Visual Studio 而不是 Visual Studio Code，它们是两款完全不同的 IDE 软件。

2）下载安装 Intel SGX SDK 和 PSW。

我们可以从 https://software.intel.com/sgx-sdk 免费下载 Intel SGX SDK 和 PSW 安装包。图 8-3 是 Intel SGX SDK 和 PSW 安装包下载界面。下载后点击"安装"按钮，安装包会自动安装并配置 Microsoft Visual Studio 插件。

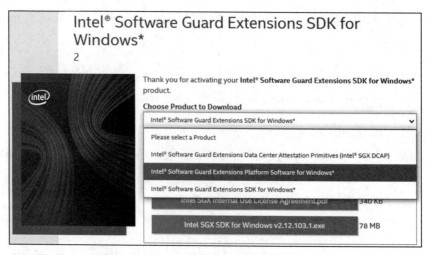

图 8-3　Intel SGX SDK 和 PSW 安装包下载界面

> 注意　需要先安装 Microsoft Visual Studio，然后再安装 Intel SGX SDK，否则 Visual Studio 的插件可能无法得到正确安装。如果先安装了 SGX SDK，需先卸载，等 Visual Studio 安装完成后再安装 Intel SGX SDK。

安装完成后建议从 Microsoft Store 中下载图 8-4 所示的用于激活 SGX 的应用。该应用可以帮助我们确认 SGX 是否已经被激活，如果未激活，可使用该应用进行激活。

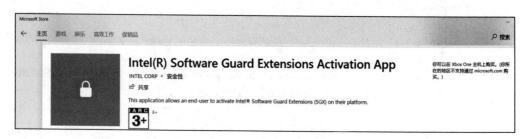

图 8-4　激活 SGX 的应用

如图 8-5 所示，如果 PSW 安装成功，我们可以在系统的服务管理控制台看到 IntelR SGX AESM 服务已经运行。

3）确认安装成功。

如果安装顺利，打开 Visual Studio，在菜单栏中依次点击"文件"→"新建"→"项目"，就可以看到建立 IntelR SGX Enclave Project 的选项了，如图 8-6 所示。

至此，我们完成了 SGX 应用开发环境的搭建。下一节将通过编写一个简单的应用程序开始 SGX Enclave 的编程之旅。

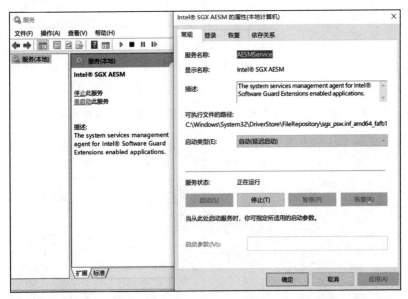

图 8-5　PSW 安装成功后 Intel SGX AESM 服务自动启动并运行

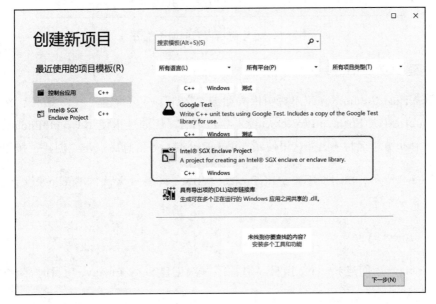

图 8-6　Visual Studio 中新建项目时出现 Intel SGX Enclave Project 选项

8.3.3 基于 Intel SGX SDK 构建加密应用

如图 8-7 所示，SGX 应用程序分为可信部分和非可信部分，这两部分代码需要分别构建，因此在 Visual Studio 中我们将分别创建两个项目。作为演示项目，这个应用程序将实现使用 ECDSA 算法（Elliptic Curve Digital Signature Algorithm，椭圆曲线数字签名算法）对消息进行签名。所有的加密部分比如密钥生成、签名、验签等都将在 Enclave 中完成。私钥将保存在 Enclave 或者密封保存在文件系统中。非可信部分代码将无法访问并获取私钥。所有的加密功能都使用 SGX 提供的可信密码库的 API。

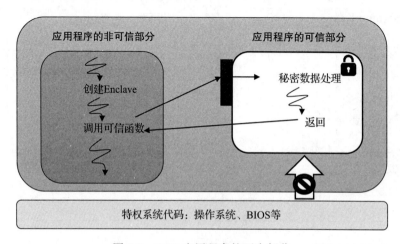

图 8-7　SGX 应用程序的两个部分

1. 创建 SGX Enclave 项目

打开 Visual Studio，在菜单栏中依次点击"文件"→"新建"→"项目"，在图 8-6 中选择 Intel®SGX Enclave Project 后输入项目名称（比如这里使用 CryptoEnclave）、项目位置、解决方案名称（比如这里使用 SecureCrypto）等信息后点击"创建"按钮。

如图 8-8 所示，Intel®SGX SDK Project Wizard 将展示默认的 Enclave 设置，其中几个设置含义如下。

（1）Project Type

❑ Enclave：创建 Enclave 项目。通常第一次创建 SGX Enclave 项目时都会选择这个选项。

❑ Enclave library：为 SGX Enclave 项目创建多个应用之间共享的 Enclave 静态库。

（2）Additional Libraries

❑ C++ 11：链接到 C++ 11 的库。如果选择使用 C++ 语言编写代码，需要选中该选
项。如果使用 C 语言编写代码，则应取消勾选该选项。如果创建的项目类型是
Enclave 静态库，该选项将被置灰。另外，如果创建的 Enclave 使用了 C++ 的静
态库，创建 Enclave 项目时必须勾选这个选项，即使 Enclave 本身没有使用 C++。
❑ EDL File：链接一个 EDL 文件到 Enclave 项目。如果构建的 Enclave 需要对外暴
露 Enclave 接口，则必须选中该选项。

（3）Signing Key

该选项用于导入将在 Enclave 中使用的密钥。如果不选择将其导入本地文件，
Visual Studio 将自动生成一个随机密钥。除了用于构建生产用的 Release 模式的 Enclave
之外，Enclave 签名工具也可使用这个密钥对 Enclave 进行签名。如果是在构建 Enclave
静态库，则不需要导入密钥，因为 Enclave 静态库无须签名。

> 提
> 示　Debug、Simulation、Pre-Release 模式都支持使用 Visual Studio 创建的密钥为
> Enclave 进行单步签名。但在 Release 模式中，我们必须另外提供密钥并使用两
> 步签名。该签名需要经过一系列流程加入 Intel 的白名单后，才能在 Release 模
> 式下运行起来。具体签名流程将在下文进一步描述。

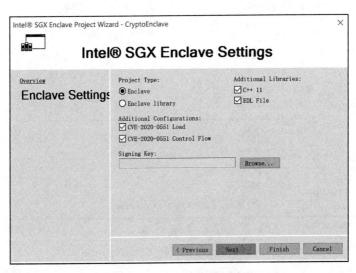

图 8-8　Enclave 项目设置窗口

之后，点击 Finish 按钮即可完成项目的创建。

💢 提示　窗口中的 CVE-2020-0551 是国际著名的安全漏洞库中的漏洞编号。该漏洞指出某些使用推测执行的 Intel 处理器上存在加载值注入（Load Value Injection，LVI）漏洞，可能允许经过认证的用户潜在地通过具有本地访问权限的侧信道，从而造成信息泄露。CVE-2020-0551 Load 和 CVE-2020-0551 Control Flow 是该漏洞的两个不同级别的修复方案。选中对应的选项框，项目构建时对应的配置（比如CVE-2020-0551-Load-Release）也会增加。

---

2. 配置 Enclave

创建完项目后，我们需要对 Enclave 进行配置，可以使用 Enclave Settings 窗口来创建和维护 Enclave 配置文件（Enclave Configuration File，ECF）。ECF 是 Enclave项目的一部分，用来提供 Enclave 元数据信息。在 Visual Studio 的资源管理器中右击 CryptoEnclave 项目名称，选择 Intel®SGX Configuration->Enclave Settings 就可以看到如图 8-9 所示的 CryptoEnclave Settings 窗口。

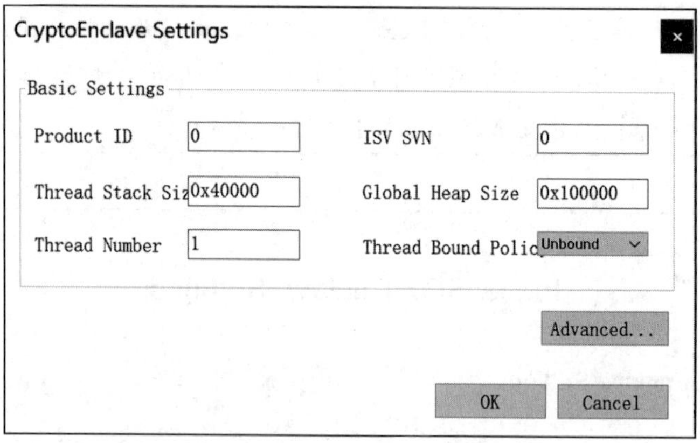

图 8-9　CryptoEnclave Settings 窗口

其中，基础设置的各项含义见表 8-2。

表 8-2　Enclave 的基础设置项

设置项名称	描　述	ECF 标签
Product ID	ISV（独立软件提供商）分配的 Product ID	\<ProdID\>
ISV SVN	ISV 分配的 SVN	\<ISVSVN\>

（续）

设置项名称	描　　述	ECF 标签
Thread Stack Size	每个可信线程的栈大小（字节数）	<StackMaxSize>
Global Heap Size	Enclave 的堆大小（字节数）	<HeapSizeMax>
Thread Number	可信线程的数目	<TCSNum>
Thread Bound Policy	TCS 管理策略	<TCSPolicy>

作为演示项目，这里我们使用默认配置。配置完成后，Visual Studio 会自动生成一个 xml 配置文件。

3. 编写 EDL

EDL（Enclave Definition Language）文件定义了应用程序中可信部分与非可信部分之间的交互接口。代码清单 8-1 是 Visual Studio 中创建的 EDL 文件模板，主要分成 trusted 和 untrusted 两部分。可信函数需要在 Enclave 的 cpp 文件中编写，非可信函数则必须在应用程序中实现。

代码清单8-1　EDL文件模板

```
enclave {
    from "sgx_tstdc.edl" import *;
    trusted {
        /* define ECALLs here. */
    };
    untrusted {
        /* define OCALLs here. */
    };
};
```

在代码清单 8-1 中，关键字 from 和 import 是指将 EDL 库文件中的指定函数添加到当前 Enclave EDL 文件中。其中，ECALL（即 Enclave Call）是指 Enclave 提供的可供外部非可信应用程序调用的接口；OCALL（即 Outside Call）是指 Enclave 内部调用外部非可信应用程序的接口。在 EDL 文件的接口说明中，我们还可定义 Enclave 边界需要检查和处理的输入和输出参数。图 8-10 展示了非可信应用程序与 Enclave 之间的交互流程。Visual Studio 插件会自动读取 EDL 文件并生成边缘例程（Edge Routine）的代码，而边界检查（为了安全）是由图 8-10 中运行在 Enclave 中的可信桥（Trusted Bridge）以及可信代理（Trusted Proxy）在运行时完成的。

在编写 EDL 代码之前，我们先来了解一下 EDL 编码的相关方法。

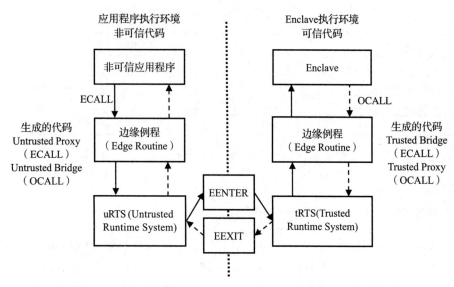

图 8-10 非可信应用程序与 Enclave 之间通过边缘例程交互

（1）EDL 支持的基本数据类型

EDL 支持的输入和输出参数基本类型有 char、short、long、int、float、double、void、int8_t、int16_t、int32_t、int64_t、size_t、wchar_t、uint8_t、uint16_t、uint32_t、uint64_t、unsigned、struct、enum、union、long long、long double。除此之外，其还支持指针（不包括函数指针）和数组。

代码清单 8-2 定义了一个数据签名的接口 esv_sign。该接口将在 Enclave 中执行，传入参数为需要签名的 message，类型为 const char*；传出参数为经过签名的 signature，类型为 void*。

代码清单8-2　EDL定义ECALL函数的示例

```
trusted {
  /* define ECALLs here. */
  public int esv_sign([in, string] const char* message,
                      [out, size=sig_len] void* signature, size_t sig_len);
};
```

（2）const 关键字

EDL 支持 const 关键字，其与在 C 语言中的作用类似。但是，这个关键字在 EDL 中是有限制的，只能用于指针，并且是最外层的修饰符。C 语言的 const 的其他作用在

EDL 中不支持。

（3）指针参数

在代码清单 8-2 中，指针参数使用了一些特殊的属性修饰符。下面介绍一下指针可以使用的属性。

1）in（方向属性）。当指针参数指定为 in 属性时，参数将从调用过程传递到被调用过程。也就是说，对于 ECALL，参数从应用程序传递到 Enclave；对于 OCALL，参数从 Enclave 传递到应用程序。如图 8-11 中的①所示，当一个应用程序调用一个带有被 in属性修饰的指针参数的 ECALL 时，可信边缘例程就会将指针指向的内存内容复制到可信内存区域，然后将这份复制内容传递给可信环境。

2）out（方向属性）。其调用过程与 in 属性时的过程相反。边缘例程根据方向属性复制被指针指定的缓存。为了复制缓存内容，边缘例程必须知道有多少数据需要去复制。因此，方向属性通常带有 size 或者 count 修饰符。in 和 out 属性组合时，参数是双向传递的。

如图 8-11 中的②所示，当一个应用程序调用一个带有被 out 属性修饰的指针参数的 ECALL 时，边缘例程会在可信内存区域分配一个缓冲区（Buffer）将其初始化为 0 并传送给可信环境。然后当可信函数返回时，可信桥会复制缓冲区中的内容到非可信内存中（见图 8-11 中的③）。也就是说，可信内存是不会直接对外暴露的。

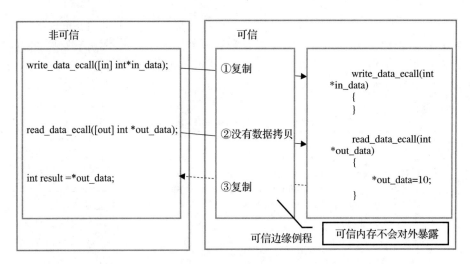

图 8-11　使用 in 和 out 修饰的带有指针参数的 ECALL 函数

3）size。其通常用于 void 指针，以指定缓存区大小（以字节为单位）。当 size 没有被指定时，则默认缓存区大小为 sizeof（由指针指向的元素大小）。

4）count。count 和 size 属性修饰符具有相同的目的，即告知边缘例程需要复制的缓存区内容的大小。count 可以是整型常量，也可以是函数的参数之一。count 和 size 属性组合在一起时，边缘例程复制的字节数取决于参数指向的数据的 size 和 count 的乘积。当 count 没有被指定时，默认 count 为 1，总字节为 size*1。

5）string 和 wstring。属性 string 和 wstring 表明参数是以 "\0" 结尾的字符串。string 和 wstring 属性在使用上有一些限制：不能和 size、count 属性同时使用；不能和 out 属性单独同时使用，但是 in、out 可以和 wsting、string 同时使用；string 属性只能用于 char 指针，而 wsting 属性只能用于 wchar_t 指针。

6）sizefunc。sizefunc 属性作用是便于开发者指定一个用于计算函数参数长度的函数。为了阻止"先检查，后使用"的攻击，sizefunc 会被调用两次：第一次在不可信内存中调用；第二次在数据复制到可信内存时调用。如果两次调用返回的数据大小不一样，可信桥函数会取消此次 ECALL 调用，然后报告一个错误给不可信应用程序。

sizefunc 决不能和 size 属性一起使用，也不能和 out 属性单独使用，但可以和 in 和 out 属性同时使用。另外，不能定义 sizefunc 为 strlen 或者 wcslen。string 属性不能使用 sizefunc 修饰符传递，但可使用 string 或者 wstring 关键字。下面是需要在 Enclave 内定义的可信 sizefunc 的函数原型：

```
size_t sizefunc_function_name(const parameter_type * p);
```

parameter_type 是使用 sizefunc 标记的参数的数据类型。如果没有提供 sizefunc 的定义，链接器会报错。如代码清单 8-3 所示，sizefunc 还可以和 count 一起使用，此时复制的全部字节数将是 sizefunc × count。

代码清单8-3　使用sizefunc的示例

```
enclave{
  trusted {
    // 复制get_packet_size 个字节，开发者必须
    // 定义get_packet_size函数: size_t get_packet_size(const void* ptr);
    void demo_sizefunc([in, sizefunc=get_packet_size] void* ptr);
    // 复制(get_packet_size * cnt) 个字节
    void demo_sizefunc2(
      [in, sizefunc=get_packet_size, count=cnt] void*
      ptr, unsigned cnt);
  };
```

```
untrusted {
  /* define OCALLs here. */
};
};
```

7）user_check。对于一些特殊的场景，比如数据太大，一个 Enclave 放不下（还记得图 8-9 中堆栈的配置吗？在创建 Enclave 项目时，就有堆栈大小的设置），需要切分成多个区块，使用多个 Enclave 通过一系列 ECALL 进行处理（开发者可以创建一对多的可信 Enclave 一起工作来支持分布式体系），而方向属性不支持 Enclave 间的数据通信，此时使用 user_check 属性来表示不对指针进行任何验证。

8）isptr。isptr 用于指定用户定义的参数是指针类型。

9）readonly。当 ECALL 或者 OCALL 使用用户自定义的 const 数据类型时，参数需要被注明是 readonly 属性。readonly 只能与 isptr 属性一起使用。

（4）数组

正如上面所述，EDL 除了支持指针还支持多维、固定大小的数组。数组类似于指针，使用 in、out、user_check 属性。当参数是一个用户定义的数组类型时，我们需要使用 isary 属性来修饰。需要注意的是，数组不能使用 size、count 属性，因为根据数组类型，攻击者就可以推断出所需缓存的大小。另外，数组也不支持指针类型。

（5）头文件

C 结构体、联合体、typedefs 等一般都定义在头文件中。如果 EDL 中引用了这些类型却没有包含头文件，自动生成代码将不能被编译，因此需要使用 include 来包含头文件。如代码清单 8-4 所示，头文件可以是全局的，也可以单独包含在 trusted 和 unstrusted 块中。

代码清单8-4　使用include包含头文件的示例

```
enclave {
  include "stdio.h"      // 全局的
  include "../../util.h"
  trusted {
    include "foo.h"      // 只为可信函数
  };
  untrusted {
    include "bar.h"      // 只为非可信函数
  };
};
```

（6）授权访问

默认情况下，ECALL 函数不可被任何不可信函数调用，如需被不可信函数直接调用，需要使用关键字 public 来修饰。需要注意的是，一个 Enclave 中必须有一个 public ECALL 函数，否则无法启动。

为了保证 OCALL 函数可以调用 ECALL 函数，我们必须通过 allow 关键字来指定。public 或者 private 的 ECALL 函数都可以使用 allow 关键字来指定。在代码清单 8-5 中，不可信代码被授予了对 ECALL 函数不同的访问权限。表 8-3 列出了相应的授权情况。

代码清单8-5　ECALL和OCALL函数授权访问的示例

```
enclave {
  trusted {
    public void clear_secret();
    public void get_secret([out] secret_t* secret);
    void set_secret([in] secret_t* secret);
  };
untrusted {
  void replace_secret([in] secret_t* new_secret,[out] secret_t* old_secret)
                    allow (set_secret, clear_secret);
  };
};
```

表 8-3　代码示例中 ECALL 函数的访问权限

ECALL	是否可作为 root ECALL 被调用	是否可被 replace_secret 调用
clear_secret	Y	Y
get_secret	Y	N
set_secret	N	Y

（7）宏定义和条件编译

EDL 支持宏定义和条件编译指令。如代码清单 8-6 所示，开发者可以通过定义简单的宏和条件编译指令来方便地移除调试和测试功能。

代码清单8-6　EDL中使用宏定义的示例

```
#define SGX_DEBUG
enclave {
  trusted {
```

```
      /* define ECALLs here. */
    }
    untrusted {
      #ifdef SGX_DEBUG
      void print([in, string] const char * str);
      #endif
    }
  }
```

作为演示项目，这里我们设计由 Enclave 提供 5 个接口（分别是 crypto_init、crypto_seal_keys、crypto_sign、crypto_verify 和 crypto_close），并且由非可信应用程序提供 crypto_read_data 和 crypto_write_data 两个接口，以便 Enclave 读写文件，如代码清单 8-7 所示。

代码清单8-7　CryptoEnclave项目中的EDL文件

```
enclave {
  from "sgx_tstdc.edl" import *;
  trusted {
    /* define ECALLs here. */
    public int crypto_init([in, string] const char* sealed_data_file);
    public int crypto_seal_keys([in, string] const char* sealed_data_file);
    public int crypto_sign([in, string] const char* message,
                           [out, size=sig_len] void* signature, size_t sig_len);
    public int crypto_verify([in, string] const char* message,
                             [in, size=sig_len] void* signature, size_t sig_len);
    public int crypto_close();
  };
  untrusted {
    /* define OCALLs here. */
    void crypto_write_data([in, string] const char* file_name,
                           [in, size=len] const unsigned char* p_data, size_t len);
    void crypto_read_data([in, string] const char* file_name,
                          [out] unsigned char** pp_data, [out] size_t* len);
  };
};
```

4. 编写 ECALL 函数

编写 ECALL 函数可以说是实现 SGX 应用程序可信部分最主要的环节了。基于 SGX SDK 和 Visual Studio 构建 Enclave 时，Enclave 函数只能使用 C 和 C++ 编写。不同于普通应用程序，Enclave 程序会被放在 Enclave Page 中，与其他内存隔离，无法链接动态链接库来实现传统应用所拥有的各种丰富的功能。Enclave 程序只能链接静态链接库，也就是将需要用到的静态链接库函数一并放到了 Enclave 内存中。因此，静态链接库的丰富程度决定了 Enclave 程序开发的便利程度。

为了尽可能使 Enclave 程序开发便利，Intel SGX SDK 和 PSW 提供了 C 和 C++ 运行时库、STL（Standard Template Library）的特殊版本、可信密码库等源码用于静态链接。静态链接库一旦出现安全问题，就会直接影响 Enclave 程序的安全，因此 Enclave 程序所能使用的库函数都需要经过安全审计。这也是一些不安全的库函数被剔除或者被重新实现的原因。比如，Enclave 不支持 C/C++ 标准库里的 rand、srand，因为它们是伪随机函数，所以被剔除了。Intel 为此提供了 sgx_read_rand 来生成随机数。当然，用户可以使用其他的可信库，但是要遵循内部 Enclave 函数的编写规范。总而言之，提供的可信库函数既需要满足便利性，也需要满足安全性。

在演示项目中，我们需要编辑 CryptoEnclave.cpp，创建并实现已经在 EDL 中定义的 ECALL 函数：crypto_init、crypto_seal_keys、crypto_sign、crypto_verify 和 crypto_close。

（1）crypto_init

在 crypto_init 函数中需要初始化签名、验签函数所需要用到的所有资源。如代码清单 8-8 所示，它接收一个可选的文件名参数，如果指定了文件名，则通过 OCALL 调用 crypto_read_data 函数从磁盘加载经 SGX 密封过的密钥文件，并解封数据到 Enclave 内存。解封过程中使用的缓冲区必须位于 Enclave 可信内存，否则解封失败。如果传入 crypto_init 函数的参数为 null，调用 SGX 的库函数 sgx_ecc256_create_key_pair 生成一个新的密钥对。

代码清单8-8　crypto_init的代码片段

```
int crypto_init(constchar* sealed_data_file_name) {
  sgx_status_t ret = SGX_ERROR_INVALID_PARAMETER;
  crypto_sealed_data_t* unsealed_data = NULL;
  sgx_sealed_data_t* enc_data = NULL;
  size_t enc_data_size;
  uint32_t dec_size = 0;
  ret = sgx_ecc256_open_context(&ctx);
  if (ret != SGX_SUCCESS)
    goto error;
  if (sealed_data_file_name != NULL) {
    //OCALL:从磁盘加载密钥文件
    crypto_read_data(sealed_data_file_name,
      unsignedchar**)&enc_data, &enc_data_size);
```

```
    dec_size = sgx_get_encrypt_txt_len(enc_data);
    if (dec_size != 0) {
      unsealed_data = (crypto_sealed_data_t*)malloc(dec_size);
      sgx_sealed_data_t* tmp = (sgx_sealed_data_t*)malloc(enc_data_size);
      //将数据复制到可信Enclave内存中
      memcpy(tmp, enc_data, enc_data_size);
      //解封密钥
      ret = sgx_unseal_data(tmp, NULL, NULL, (uint8_t*)unsealed_data, &dec_size);
      if (ret != SGX_SUCCESS)
        goto error;
      p_private = unsealed_data->p_private;
      p_public = unsealed_data->p_public;
    }
  }
  else
    //生成一个新的密钥对
    ret = sgx_ecc256_create_key_pair(&p_private, &p_public, ctx);

error:
  if (unsealed_data != NULL)
    free(unsealed_data);
  return ret;
}
```

（2）crypto_seal_keys

crypto_seal_keys 函数主要用于将密钥对使用 SGX 提供的数据密封功能（Data Sealing）密封，之后保存到磁盘。如代码清单 8-9 所示，为了防止密钥泄露，首先调用 sgx_calc_sealed_data_size 函数计算需要密封的数据的大小，然后创建对应的缓冲区，再使用 sgx_seal_data_ex 函数将数据加密，之后保存到缓冲区，最后通过 OCALL 调用 crypto_write_data 将缓冲区中内容写到磁盘。

代码清单8-9　Enclave进行密钥保存的代码片段

```
int crypto_seal_keys(const char* sealed_data_file_name) {
  sgx_status_t ret = SGX_ERROR_INVALID_PARAMETER;
  sgx_sealed_data_t* sealed_data = NULL;
  uint32_t sealed_size = 0;
  crypto_sealed_data_t data;
  data.p_private = p_private;
  data.p_public = p_public;
  size_t data_size = sizeof(data);
  sealed_size = sgx_calc_sealed_data_size(NULL, data_size);
  if (sealed_size != 0){
    sealed_data = (sgx_sealed_data_t*)malloc(sealed_size);
```

```
sgx_attributes_t attribute_mask;
attribute_mask.flags = 0xFF0000000000000BULL;
attribute_mask.xfrm = 0;
ret = sgx_seal_data_ex(SGX_KEYPOLICY_MRSIGNER, attribute_mask, 0xF0000000,
  NULL, NULL, data_size, (uint8_t*)&data, sealed_size, sealed_data);
if (ret == SGX_SUCCESS)
  crypto_write_data(sealed_data_file_name, (unsigned char*)sealed_data,
    sealed_size);
else
    free(sealed_data);
}
return ret;
}
```

SGX 提供了两种密封策略（sgx_seal_data_ex 函数的第一个参数就是用来设置密封策略的）：MRENCLAVE 和 MRSIGNER。MRENCLAVE 策略将生成该 Enclave 独有的密钥，其值为 SHA256 的摘要结果。SHA256 的内容包括从 Enclave 构建开始到初始化完成之间的活动记录日志。不同的 Enclave，MRENCLAVE 值不同，即使用 MRENCLAVE 策略时，只有同一台电脑的同一个 Enclave 可以解封数据。MRSIGNER 策略则基于 Enclave 密封授权方的密钥来生成一个密钥，这也使得一个 Enclave 密封的数据可以被另一个 Enclave 来解封（只要在同一台电脑上并且具有相同的密封授权方的密钥即可）。MRSIGNER 可以允许旧版本应用程序密封的数据被新版本应用程序或者其他版本的应用程序解封。我们也可以使用这种方法在不同的应用程序的不同的 Enclave 中共享数据（只要在同一台电脑上）。

 提示 Debug 模式下构建的 Enclave 无法解封 Release 模式下构建的 Enclave 密封的数据，反之亦然。这是为了防止 Intel SGX 调试器在调试 Debug 模式的 Enclave 时泄露 Release 模式下 Enclave 密封的数据。另外，Enclave 不会检查非可信应用程序的真实性，任何人、任何程序都可以加载你的 Enclave，并且按照他们希望的顺序执行 ECALL。因此，Enclave 的 API 不能因为数据密封和解封而泄露机密或者授予不该授予的权限。

（3）crypto_sign

crypto_sign 函数负责对消息进行签名并将签名后的文件保存到磁盘。如代码清单 8-10 所示，签名使用 SDK 提供的 sgx_ecdsa_sign 函数，并通过 OCALL 调用 crypto_write_data 函数将签名写到磁盘。

代码清单8-10　Enclave进行签名的代码片段

```
int crypto_sign(const char* message, void* signature, size_t sig_len) {
  sgx_status_t ret = SGX_ERROR_INVALID_PARAMETER;
  const size_t MAX_MESSAGE_LENGTH = 255;
  char signature_file_name[MAX_MESSAGE_LENGTH];
  snprintf(signature_file_name, MAX_MESSAGE_LENGTH, "%s.sig", message);
  ret = sgx_ecdsa_sign((uint8_t*)message, strnlen(message, MAX_MESSAGE_LENGTH),
    &p_private, (sgx_ec256_signature_t*)signature, ctx);
  if (ret == SGX_SUCCESS)
    crypto_write_data(signature_file_name, (unsigned char*)signature,
      sizeof(sgx_ec256_signature_t));
  return ret;
}
```

（4）crypto_verify

crypto_verify 函数负责对消息进行验签。如代码清单 8-11 所示，验签使用 SDK 提供的 sgx_ecdsa_verify 函数。

代码清单8-11　Enclave进行验签的代码片段

```
int crypto_verify(const char* message, void* signature, size_t sig_len) {
  sgx_status_t ret = SGX_ERROR_INVALID_PARAMETER;
  const size_t MAX_MESSAGE_LENGTH = 255;
  uint8_t res;
  sgx_ec256_signature_t* sig = (sgx_ec256_signature_t*)signature;
  ret = sgx_ecdsa_verify((uint8_t*)message, strnlen(message, MAX_MESSAGE_LENGTH),
    &p_public, sig, &res, ctx);
  return res;
}
```

（5）crypto_close

crypto_close 函数最简单，负责清理加密相关的上下文。如代码清单 8-12 所示，调用 SDK 提供的 sgx_ecc256_close_context 函数清理即可。

代码清单8-12　Enclave进行上下文清理

```
int crypto_close() {
  sgx_status_t ret = sgx_ecc256_close_context(ctx);
  return ret;
}
```

> **注意** Enclave 项目在 Windows 环境下会被打包构建成 DLL 库，在 Linux 环境下会被打包构建成 SO 库。这些文件都是有可能被反编译的，因此 Enclave 项目中所使用的代码、算法不应包含需要保密的信息。

至此，Enclave 项目的相关代码编写已基本完成，下一步就要进行非可信应用程序的编写了。

5. 创建非可信应用程序项目并导入 EDL 文件

在 Visual Studio 右侧的解决方案资源管理器中，右击"解决方案"，点击"添加"→"新建项目"，创建一个控制台应用项目 CryptoApp。

创建成功后，右击该项目，依次点击 Intel® SGX Configuration→Import Enclave 就可以看到导入窗口，如图 8-12 所示。之后，确认 CryptoEnclave.edl 被选中，点击 Apply 按钮即可导入。

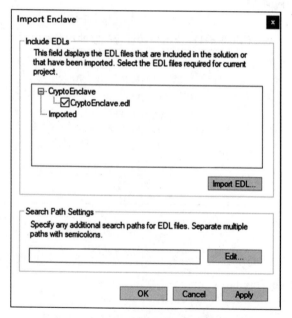

图 8-12　在非可信应用程序项目中导入 EDL 文件

导入完成后，我们就可以在项目中看到 Visual Studio 自动创建了两个文件：CryptoEnclave_u.c 和 CryptoEnclave_u.h（这两个文件包含图 8-10 中的 Untrusted Proxy 和 Untrusted Bridge）。

如图 8-13 所示，演示项目的可信部分（即 CryptoEnclave 项目）与非可信部分（即 CryptoApp 项目）的代码都会基于 EDL 文件生成。CryptoApp.cpp 和 CryptoEnclave.cpp 都是通过引用自动生成的代码（包含可信代理、可信桥函数和非可信代理、非可信桥函数）完成可信代码与非可信代码之间的互相调用。

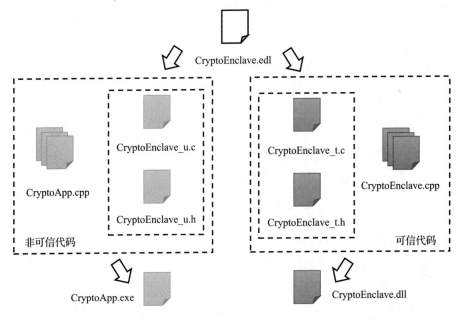

图 8-13 Visual Studio 自动解析 EDL 文件并生成相关代码

> 💡 提示 根据 EDL 文件自动生成代码实际上是由 sgx_edger8r.exe 工具完成的。该工具可在 SGX SDK 的安装目录下找到。如果导入 EDL 后发现生成的文件中并没有生成相关代码，可以在 Visual Studio 的解决方案资源管理器中右键点击 EDL 文件并选择"编译"来完成。

6. 编写 OCALL 函数

在演示项目中，可信应用程序需要执行文件读写操作。但是，SGX SDK 并不直接提供这类操作。也就是说，Enclave 内的程序需要使用 Enclave 外的操作系统来进行读写操作。为此，在非可信程序中我们需要实现 EDL 文件中定义的两个 OCALL 函数：crypto_write_data 和 crypto_read_data。如代码清单 8-13 所示，我们直接在 CryptoApp.cpp 中实现这两个函数。其实现依赖 C 语言的标准函数库，与普通应用程序实现并无大的区别。

代码清单8-13 在非可信程序中实现OCALL函数的代码片段

```
#include <stdio.h>
long readFromFile(const char* file_name, unsigned char** pp_data) {
  FILE* infile;
  errno_t err;
  long fsize = 0;
  err = fopen_s(&infile, file_name, "rb"); //直接使用C语言标准函数库实现读写操作
  if (err == 0) {
    … // 使用C语言标准函数库读取文件，此处省略文件读取的具体代码
  } else {
    printf("Failed to open File %s", file_name);
  }
  return fsize;
}
void crypto_write_data(const char* file_name, const unsigned char* p_data,
  size_t len) {
  … // 使用C语言标准函数库实现读写操作，此处省略写读写的具体代码
}
void crypto_read_data(const char* file_name, unsigned char** pp_data, size_t*
  len) {
  *len = readFromFile(file_name, pp_data);
}
```

7. 创建和销毁 Enclave

从图 8-13 中看到，Enclave 源码会被编译成动态链接库，比如 CryptoEnclave 项目会被编译成 CryptoEnclave.dll 文件。为了调用 Enclave，非可信应用程序需要将经 sgx_sign.exe 签名的 DLL 文件加载到受保护的内存中。加载并创建 Enclave 时需要调用 sgx_create_enclave 或者 sgx_create_encalve_ex 函数。代码清单 8-14 是 sgx_create_enclave 接口定义。

代码清单8-14 sgx_create_enclave接口定义

```
sgx_status_t sgx_create_enclave(
const char *file_name,              //Enclave文件名，比如演示项目中的CryptoEnclave.
                                      signed.dll
const int debug,                    //是否在Debug模式下创建Enclave，0表示非调试，1表
                                      示调试
sgx_launch_token_t *launch_token,   //用于初始化Enclave的启动令牌
int *launch_token_updated,          //启动令牌是否有更新，1表示更新，0表示未更新
sgx_enclave_id_t *enclave_id,       //保存创建的Enclave ID或者句柄，不能为空
sgx_misc_attribute_t *misc_attr     //可选，保存Enclave属性
);
```

 提示 sgx_sign.exe 是 SGX SDK 中的一个工具，可在 SDK 安装目录下找到。Visual Studio 在编译 Enclave 项目时会调用该工具。

sgx_create_enclave 需要一个启动令牌来初始化 Enclave。如果在上次运行过程中保存了这个令牌，其可以被直接取出来使用；否则，需要传递一个全 0 的缓冲区给 sgx_create_enclave 来创建一个启动令牌。在 Enclave 成功创建和初始化之后，如果令牌改变了，需要更新并保存。我们可通过参数 launch_token_updated 确认令牌是否有更新。

要销毁 Enclave，我们需要调用 sgx_destroy_enclave，并传入创建 Enclave 时返回的 EnclaveID。代码清单 8-15 是创建和销毁 Enclave 的示例。

代码清单8-15　创建和销毁Enclave的示例

```
#include <stdio.h>
#include <tchar.h>
#include "sgx_urts.h"
#define ENCLAVE_FILE _T("CryptoEnclave.signed.dll")
int main(int argc, char* argv[])
{
  sgx_enclave_id_t eid;
  sgx_status_t ret = SGX_SUCCESS;
  sgx_launch_token_t token = {0};
  int updated = 0;
  …// 使用上面的启动令牌创建Enclave，此处省略尝试读取本地保存的token
  ret = sgx_create_enclave(ENCLAVE_FILE, SGX_DEBUG_FLAG, &token, &updated,
    &eid, NULL);
  if (ret != SGX_SUCCESS) {
    printf("App: error %#x, failed to create enclave.\n", ret);
    return -1;
  }
  …// 此处省略token的保存以及ECALL函数的调用
  if(SGX_SUCCESS != sgx_destroy_enclave(eid)) // 卸载enclave
    return -1;
  return 0;
}
```

8. 调用 ECALL 函数

前面已经提到，在非可信应用程序中导入 EDL 时，Visual Studio 插件会自动为 ECALL 和 OCALL 生成代理函数和桥函数。比如，下面的代码段就是插件自动生成的函数。该函数接收的第一个参数 eid 就是创建 Enclave 时返回的 EnclaveID。生成的代理函数的返回类型 sgx_status_t。如果代理函数成功运行，它将返回 SGX_SUCCESS，否则返回 ErrorCode。

```
sgx_status_t crypto_verify(sgx_enclave_id_t eid, int* retval,
                           const char* message, void* signature, size_t sig_len);
```

因此，如代码清单 8-16 所示，我们在 CryptoApp.cpp 中就可以直接调用 ECALL 函数来完成相应的功能。

代码清单8-16　非可信应用程序调用ECALL函数进行验签的代码片段

```
#include "CryptoEnclave_u.h"
...
ret = crypto_init(eid, &res, sealed_data_name);
...
switch (mode) {
case VERIFY:
  if (sig_file_name != NULL) {
    sgx_ec256_signature_t* sig;
    readFromFile(sig_file_name, (unsigned char**)&sig);
    ret = crypto_verify(eid, &res, message, (void*)sig,
                    sizeof(sgx_ec256_signa-ture_t));
    ...
    break;
  } else {
    fprintf(stderr, "Signature file not specified");
    goto error;
  }
case SIGN:
  ...
default:
  ...
}
...
ret = crypto_close(eid, &res);
error:
...
if (SGX_SUCCESS != sgx_destroy_enclave(eid)) // 卸载Enclave
  return -1;
return 0;
```

9. 编译和调试运行

在完成代码编写后，接下来就是项目的编译、调试和运行了。

（1）设置编译模式

点击 Visual Studio 工具栏上关于编译配置的下拉框，可以看到已经有多个选项，如图 8-14 所示。

图 8-14 项目编译模式的选项

其中，Debug 和 Release 是我们比较熟悉的选项，其他几个是 Intel SGX SDK 提供的选项。

❑ Prerelease：对于编译器优化来讲，这个选项同 Release。为了性能测试，Enclave 会在 enclave-debug 模式下启动。

❑ CVE-2020-0551-Load-Prerelease：项目采用 Prerelease 模式构建，同时包含前面提到的 CVE-2020-0551 漏洞的加载级别（Load Level）修复。

❑ CVE-2020-0551-Load-Release：项目采用 Release 模式构建，同时包含前面提到的 CVE-2020-0551 漏洞的加载级别修复。

❑ CVE-2020-0551-CF-Prerelease：项目采用 Prerelease 模式构建，同时包含前面提到的 CVE-2020-0551 漏洞的控制流级别（Control Flow Level）修复。

❑ CVE-2020-0551-CF-Release：项目采用 Release 模式构建，同时包含前面提到的 CVE-2020-0551 漏洞的控制流级别修复。

❑ Simulation：在没有编译器优化的情况下构建 Enclave，并且链接的是用于模拟 Intel SGX 指令的库。也就是说，这种模式允许 Enclave 运行在任何没有 Intel SGX 的平台上。

这里我们选择使用 Simulation 模式，以便程序即使在不支持 Intel SGX 的设备上也能运行。

（2）选择编译器（两个项目都要设置）

这里还需要为 Enclave 项目和非可信应用程序项目设置好特定编译器，步骤为右击设置的项目，在右键菜单栏中选择"属性"，找到"平台工具集"选项，选择 Visual Studio 2019 (v142) 并点击"应用"按钮保存最新的设置，如图 8-15 所示。

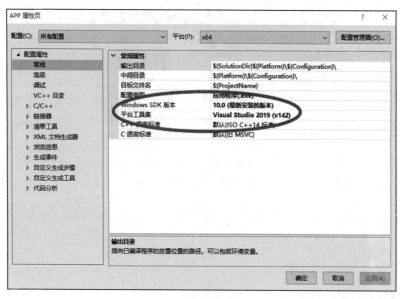

图 8-15　设置项目的编译器

（3）设定工作目录（两个项目都要设置）

在属性窗口中选择左侧"配置属性"下的"调试"选项，设定"工作目录"为
"$(OutDir)"，并点击"确定"按钮，如图 8-16 所示。

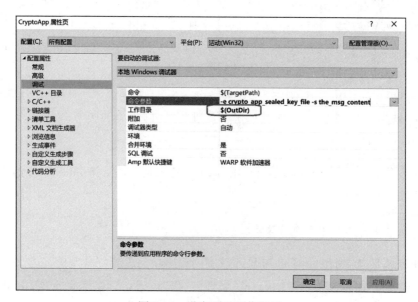

图 8-16　设定项目工作目录

（4）生成解决方案

在 Visual Studio 菜单栏中选择"生成"→"生成解决方案"来完成项目构建。构建成功后，我们就可以在输出目录中看到经过签名的 Enclave 文件 CryptoEnclave.signed.dll。

（5）调试运行

在运行之前，我们需要先设定 CryptoApp 项目的运行参数。如图 8-16 所示，在项目属性窗口配置 App 运行时需要传入的参数。配置完成后，在 Visual Studio 菜单栏中选择"调试"→"开始调试"即可调试应用程序。如图 8-17 所示，我们可以在模拟器模式下看到运行结果，并且在运行目录下看到输出的密钥文件以及签名文件。

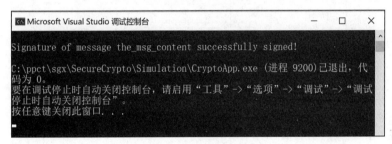

图 8-17　应用程序运行

10. Enclave 签名

程序调试通过需要发布时，需要切换成 Release 模式，然后在 Visual Studio 菜单栏中点击"生成"→"生成解决方案"来完成签名和项目构建。不同于其他模式，Release 模式必须分两步对 Enclave 进行签名（在前面创建 Enclave 项目时有提过）。Visual Studio 提供了一个 GUI 帮助开发者执行"两步签名"。

（1）生成 Enclave 签名材料

打开包含 Enclave 的项目并右击，选择 Intel SGX Configuration→Enclave Signing 就可以看到图 8-18 所示的设置窗口。因为在 Release 模式下，点击"生成解决方案"来完成项目构建时，Visual Studio 已经自动完成了步骤 1（生成 Enclave 签名材料），默认已经进入步骤 2（生成已签名的 Enclave 文件）。Step 1 中指定了输出的签名材料的名称和地址，但是你可以修改（点击 Generate Signing 按钮生成新的 Enclave 签名材料）。

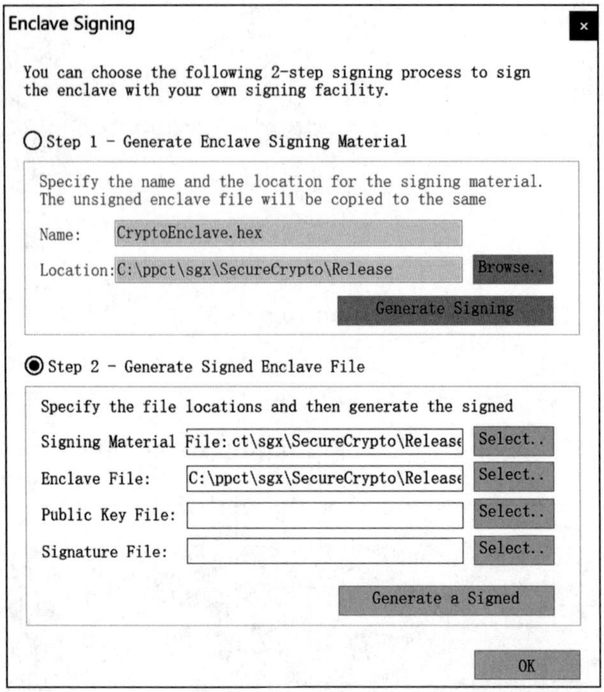

图 8-18　使用 Visual Studio 进行 Enclave 签名的弹窗

在完成步骤 1 进入步骤 2 之前，我们需要用自己的签名工具对输出的 Enclave 签名材料签名。此处，我们应当将签名材料复制到安全的平台上进行签名，且签名用的私钥必须被安全地保管，比如使用硬件安全模块（HSM）。在演示项目中，我们在另外一台装有 Linux 系统的虚拟机中使用 openssl 工具来生成相关密钥。首先，通过以下命令生成私钥：

```
openssl genrsa -out private_key.pem -3 3072
```

然后通过以下命令导出公钥：

```
openssl rsa -in private_key.pem -pubout -out public_key.pem
```

接下来就可以使用 openssl 对签名材料进行签名了，具体签名命令如下：

```
openssl dgst -sha256 -out CryptoEnclave.signed.hex -sign private_key.pem
  -keyform PEM CryptoEnclave.hex
```

签名后的签名材料文件 CryptoEnclave.signed.hex 将用于下一步操作。

（2）生成 Enclave 签名文件

首先选中 Step2-Generate Signed Enclave File，签名材料和 Enclave 文件的地址已

默认填入，但是不要忘记确认一下。然后点击 Public Key File 旁边的 Select 按钮，指定刚生成的公钥文件，点击 Signature File 按钮旁边的 Select 按钮，指定刚签名的材料文件。

如图 8-19 所示，指定所有正确的文件后，点击 Generate a Signed 按钮，然后指定的 Enclave 文件的同一目录下就会生成最后的签名 Enclave 文件 CryptoEnclave.signed.dll。也就是说，Visual Studio 会自动调用 sgx_sign.exe 完成 Enclave 的文件签名。

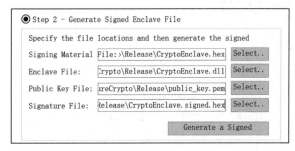

图 8-19　生成 Enclave 签名文件

11. 试运行 Release 程序

如果此时直接在支持 SGX 的设备上运行新构建的 Release 程序，我们就会遇到图 8-20 所示的错误。

图 8-20　直接运行 Release 程序遇到的错误

这是因为作为 Release 程序（即产线应用），这种启动方式需要获取 Intel SGX 的商业证书并进行白名单设置。表 8-4 列出了各种鉴证模式下是否需要申请商业证书的情况。可见，除非由第三方作为启动审批方，并且不使用 Intel 的鉴证服务，否则都需要向 Intel 申请商业证书。

表 8-4　SGX 应用是否需要申请商业证书

启动审批方	鉴证模式	是否需要商业证书
第三方	使用第三方鉴证服务	否
第三方	不使用鉴证	否

（续）

启动审批方	鉴证模式	是否需要商业证书
第三方	使用 Intel 鉴证服务	是
Intel	使用第三方鉴证服务	是
Intel	不使用鉴证	是
Intel	使用 Intel 鉴证服务	是

8.3.4　SGX 的启动审批机制

在上一节中，我们已经成功生成经过签名的 Enclave 文件，但是 Release 程序并没有成功运行，这是因为 Enclave 文件也需要由非可信应用程序创建和加载，SGX 需要确保 Enclave 被完整加载而没有被特权软件篡改。Release 程序必须通过 Intel 设计的一系列安全机制的验证才能运行。这里需要介绍一种特殊的 Enclave（即 Launch Enclave，LE）、Enclave 的启动审批方和启动机制。

LE 的角色分为两部分：一部分是通过验证签名和身份来判断平台要启动的 Enclave 是否可以启动；另一部分就是生成启动令牌，以供其他 Enclave 初始化。这个启动令牌就是在调用 sgx_create_enclave 函数创建 Enclave 时需要传入的参数。

PSW 默认的启动控制基于 Intel 定义的白名单控制策略，LE 由 Intel 编写并签名。当程序调用 sgx_create_enclave 并传入全零的缓冲区作为启动令牌时，PSW 自带的 LE 会先进行验证，验证通过后会创建一个新的令牌并将其写入缓冲区以返给调用者。PSW 的白名单控制策略基于 Enclave 签名者的白名单列表，包含了 MRENCLAVE 和 MRSIGNER 等信息。PSW 中的 AESM 服务（见图 8-5）会负责下载并更新这个白名单列表。

启动审批方就是签名 LE 和设置启动策略的实体。SGX 默认的启动审批方就是 Intel，如果要设置第三方为启动审批方，就需要支持弹性启动控制（Flexible Launch Control，FLC）的平台。并且 FLC 需要特殊的服务器 CPU 支持，比如 Intel Xeon E2200 系列 CPU。

图 8-21 是发布 SGX 产线应用且默认使用 Intel 作为启动审批方的签名和白名单设置流程。如果没有其他参与方，完成这些流程步骤之后，我们就能发布 SGX 产线应用了。

但是，如果还需要让其他参与方相信应用合理、安全地使用了 SGX 技术，我们还需要使用鉴证服务完成其他相关步骤。

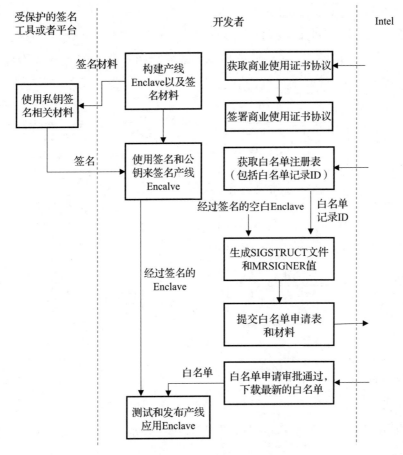

图 8-21　发布 SGX 产线应用的签名和白名单设置流程

图 8-22 是 Enclave 创建时实现完整性保护的过程。

1）应用程序在申请创建 Enclave 时需要在内存中进行页面分配并复制程序和数据，以便进行下一步度量操作。

2）为了防止特权软件在创建过程中篡改程序或者数据，SGX 需要会对每个添加的页面内容进行度量，最终得到一个创建序列的度量结果，并将其保存在 Enclave 的控制结构（SECS）中。

3）SGX 通过初始化指令将度量结果与 Enclave 拥有者签名证书（SIGSTRUCT，该证书是在上文描述的白名单设置流程中生成的）中的完整性校验值进行比较。

4）如果匹配，则将证书中的签名公钥进行哈希，并将结果作为密封身份保存在 Enclave 控制结构中；如果不匹配，则说明创建过程存在问题，指令返回失败结果。初始化指令成功执行之后，Enclave 程序才执行。此后，SGX 提供的内存保护和地址映射保护使得外界无法访问 Enclave 内存，从而保证了 Enclave 的机密性和完整性。

5）其他参与方的鉴证者可以通过 SGX 的鉴证机制来验证 Enclave 是否被正确地创建和顺利地在平台上运行。

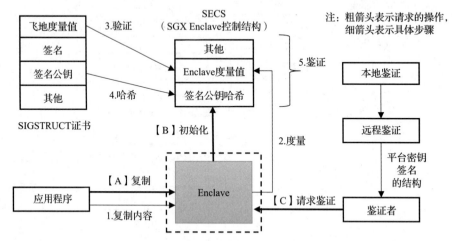

图 8-22 Enclave 创建时的实现完整性保护的过程

8.3.5 SGX 的密钥

在讲述鉴证之前，我们需要先介绍一下设备根密钥。SGX CPU 中烧录了两个设备根密钥：RPK（Root Provisioning Key）和 RSK（RootSealing Key）。

RPK 在一个被称为 Intel 密钥生成设备（iKGF）的特殊用途设施内的专用硬件安全模块（HSM）上随机生成。Intel 负责维护 HSM 生产的所有密钥的数据库。Intel 存储所有 RPK 是因为它们是 SGX 处理器通过在线预备协议展示其真实性的基础。因此，iKGF 会将每个 RPK 的不同衍生数据转发到 Intel 的在线服务器。

RSK 是在 CPU 内随机生成的。Intel 宣称会清除生成该密钥时所产生的所有残留物，因此，每个平台都可以认为其 RSK 是唯一的且只有该平台自己知道。Enclave 的可信接口提供的大多数密钥都是基于平台的 RSK 推导而来的，没有其他参与方能够获知这些密钥。图 8-23 展示了 SGX 的密钥层级结构。RPK 和 RSK 的衍生密钥将被用于本地鉴证以及远程鉴证，具体如下。

❑ Provisioning Key：通过 EGETKEY 指令获取，入参包含 RPK，用于 Intel 认证 SGX。通过 Provisioning Key，与 Intel 预备服务（Intel Provisioning Service，IPS）

认证完成后，Enclave 和 Intel 鉴证服务（Intel Attestation Service，IAS）会生成一对非对称密钥。Enclave 保存的私钥叫作鉴证密钥（Attestation Key），其用鉴证密钥对 REPORT 签名，然后转发到 IAS 做远程认证。

❑ Provisioning Seal Key：通过 EGETKEY 指令获取，入参包含 RSK，用于对鉴证密钥加密，以便将鉴证密钥封存在 Enclave 外部环境。

❑ Report Key：通过 EGETKEY 指令获取，用于验证 REPORT 是否来自同一 SGX 平台上的另一个 Enclave。同一 SGX 平台上的 Enclave 可以获取和对端 Enclave 一样的 Report Key。因此，本地鉴证时，一个 Enclave 用 MAC 算法加密的 REPORT 可以被同一 SGX 上的另一个 Enclave 验证。

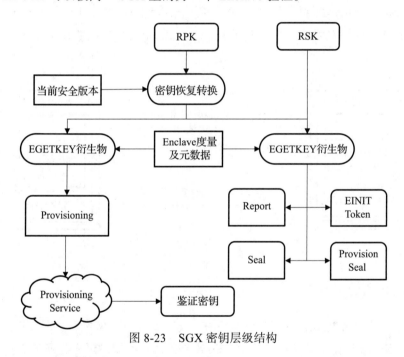

图 8-23　SGX 密钥层级结构

在对 SGX 密钥有了初步了解后，我们再来学习一下 SGX 的鉴证。SGX 的鉴证主要分为两种类型：本地鉴证（Local Attestation）和远程鉴证（Remote Attestation）。我们首先学习本地鉴证。

8.3.6　本地鉴证

本地鉴证是指运行在同一个平台上的两个 Enclave 在相互通信前通过 SGX 报告机制进行相互认证。图 8-24 展示了本地鉴证的主要流程。假设同一个平台中应用 A 使用的 Enclave 需要向应用 B 使用的 Enclave 报告身份，主要涉及以下几个步骤。

1）Bob 需要获取自己的 MRENCLAVE 值并发送给 Alice，这个发送的信息通道可以是非可信通道。

2）Alice 执行 EREPORT 指令，将 Bob 的 MRENCLAVE 作为 EREPORT 指令中的一个参数生成 REPORT，并将报告返回给 Bob 以供其验证。

3）Bob 接收到 REPORT 后调用 EGETKEY 指令来获取 Report Key 以验证 REPORT。如果验证通过，Bob 可以认为和 Alice 位于同一平台，因为 REPORT 的密钥是平台特有的。然后 Bob 使用 Alice REPORT 中包含 Alice 的 MRENCLAVE 为 Alice 生成一份 REPORT 并发送给 Alice。Alice 也就可以验证 Bob 与自己是在同一个平台上。同时；Alice 和 Bob 可以利用 REPORT 中的数据字段，基于 Diffie-Hellman 密钥交换协议来建立一个安全的通信通道。

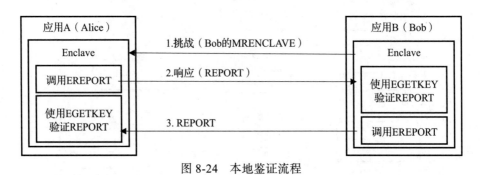

图 8-24　本地鉴证流程

8.3.7　远程鉴证

远程鉴证用于本地软件证明自己运行在 Enclave 中，以获取远端的认证者（亦称为依赖方，Relying Party）的信任。目前，SGX 支持两种类型的远程鉴证服务：增强隐私 ID（Enhanced Privacy ID，EPID）鉴证和椭圆曲线数字签名算法（Elliptic Curve Digital Signature Algorithm，ECDSA）鉴证。

1. EPID 鉴证

此项技术基于 EPID 签名，能使依赖方鉴证 Enclave 而不需了解 Enclave 在其上执行的特定 CPU。EPID 远程鉴证支持通过 Intel SGX PSW 进行鉴证。需要注意的是，它只支持特定客户端系统、特定 Intel 至强 E3 处理器和特定英特尔至强 E 处理器，并不支持 Intel 至强可扩展处理器。这项技术使用时需要一个平台，而信赖方需要有互联网接入。图 8-25 展示了 EPID 远程鉴证涉及的结构性服务。EPID 远程鉴证需要引入特殊的预备 Enclave（Provisioning Enclave，PvE）和引证 Enclave（Quoting Enclave，QE）。为了方便 SGX 的预备服务，Intel 还负责运营专门的在线预备基础设施 Intel 预备服务（Intel Provisioning Service，IPS）。为了最大限度地降低处理具有 Intel SGX TCB 的平台的多安全版本的复杂性，Intel 还负责运营专门的 Intel 鉴证服务（Intel Attestation Service，IAS）。

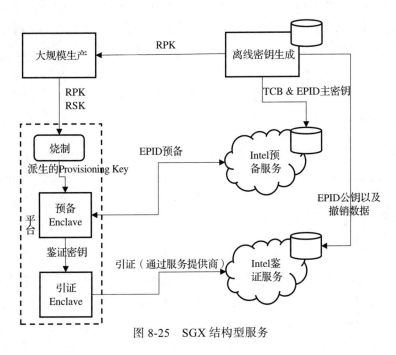

图 8-25　SGX 结构型服务

（1）Provisioning Key 的密钥派生

Provisioning Key 的密钥派生过程分为两个阶段。第一个阶段：先将平台的 RPK（Root Provisioning Key，配置的根密钥）绑定到硬件 TCB。TCB Key 在处理器启动期间产生，方法是在 PRF 上循环使用反映平台固件组件的当前平台 SVN 补丁级别（Security Version Number Patch Level）程序。第二个阶段：添加系统的软件属性到生成的 Provisioning Key。第二阶段仅在 EGETKEY 调用时发生，并使用 TCB Key 作为派生的基础。PvE 的 Provisioning Key 是使用 EGETKEY 指令派生出来的，入参为 RPK、系统软件属性、SVN 补丁程序级别。在该 EGETKEY 使用场景下，RSK 并没有被用到。派生的 Provisioning Key 最终是唯一一个可以表示 SGX 平台硬件和软件组件的密钥。Provisioning Key 派生的目的是减少 RPK 本身的使用，从而降低其暴露的风险。

Provisioning Seal Key 的派生过程与 Provisioning Key 类似，区别在于 Provisioning Seal Key 使用 RSK 作为根密钥来派生，用作封存鉴证密钥。

（2）预备 Enclave（PvE）

PvE 负责执行与 Intel 在线预备服务器交互的预备过程。在获得 Provisioning Key 后，平台就可以开始执行预备过程来获得鉴证密钥了。预备过程是 SGX 设备向 Intel 展示其真实性以及 CPU SVN 和其他系统组件属性的过程。通过预备过程，我们可以获得能够反映 SGX 真实性和 TCB 版本的鉴证密钥。通常，预备过程是在平台初始设置阶段完成的，但也可以在此之后重新调配，比如在为修复漏洞而更新固件、BIOS 等关键系统组件之后更换鉴证密钥。

PvE 获得的鉴证密钥是 SGX 生态系统的核心资产。信赖方信任有效的鉴证签名作为 Intel 签名证书，以保证平台的真实性。SGX 的预备服务和远程验证遵循 Intel 开发的名为增强隐私 ID（Enhanced Privacy ID，EPID）的群签名方案。EPID 群签名方案是将签名者划分为群组，当用户验证签名者的时候，Intel 服务器端只返回签名者所在的群组，而不是特定的签名者。这样做的目的是为签名者提供匿名保护。

PvE 使用几种 SGX 特权类型密钥来证明其真实性，这些密钥只能由 SGX 的结构型 Enclave 通过 EGETKEY 指令来获得访问，其中包括预备密钥（Provisioning Key，PK）和预备密封密钥（Provisioning Seal Key，PSK）。在预备过程中，PvE 会生成一个随机的 EPID 成员密钥并且用数学方法（PSK 加密）进行隐藏，这样 Intel 预备服务就无法知道平台生成的成员密钥。平台生成的成员密钥和与预备过程生成的签名证书形成一个独特的 EPID 私钥（即鉴证密钥）。鉴证密钥由双方共同构造，其颁发者并不知道。这保证了包括 Intel 在内的任何一方都不可以伪造该平台产生的有效会员签名。最后，PvE 用 PSK 加密鉴证密钥，并将其存储在平台上。

（3）引证 Enclave（QE）

图 8-26 展示了 EPID 远程鉴证架构。在有了鉴证密钥以后，平台需要一个能获取鉴证密钥的特殊 Enclave 通过信赖方与 Intel 在线鉴证服务交互并完成最终的远程鉴证。这个特殊的 Enclave 就是引证 Enclave（QE）。QE 会使用本地鉴证来验证来自同一平台

的其他 Enclave 的 REPORT，然后用鉴证密钥创建的签名替换这些 REPORT 上的消息认证码。这个过程的输出被称为 Quote（引证）。

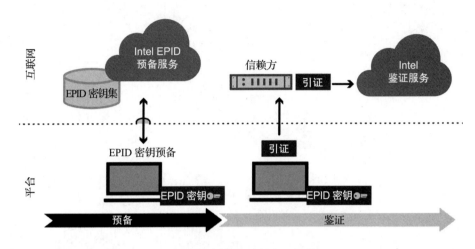

图 8-26　EPID 远程鉴证架构

与 IAS 交互的信赖方也被称为服务提供商，它不必持有支持 SGX 的硬件。服务提供商应向 IAS 注册并满足 Intel 的要求，以便为 IAS 的验证提供证明。该注册将服务提供商的 TLS 证书绑定到唯一的服务提供商 ID（SPID），并允许其访问 IAS 服务。这些 IAS 服务主要包括验证 ISV Enclave 的引证、请求更新的鉴证撤销列表以及与 Quote 相关的历史信息。服务提供商接收到 Quote 后会将其转发给 IAS。IAS 使用对应的公钥来验证 Quote。验证通过后，IAS 生成验证报告，以确认在指定 Enclave 上运行了指定的代码。然后，IAS 将报告返给服务提供商，并由服务提供商反馈给平台。

2. ECDSA 鉴证

EPID 鉴证依赖于 Intel 提供的鉴证服务，ECDSA 鉴证则允许第三方通过 Intel SGX DCAP（Data Center Attestation Primitives）提供远程鉴证服务。它可用于基于 Intel 至强可扩展处理器的服务器，包括特定的至强 E3 处理器和搭载第三代智能处理器的至强 -SP。

> 💡 提示　在图 8-3 中，下载 SGX SDK 和 PSW 包时，Intel 也提供了 DCAP 安装包的下载。

图 8-27 展示了 ECDSA 远程鉴证架构，应用部署起来相对 EPID 远程鉴证要更加复杂。但其对于需要满足以下任一要求的企业、数据中心和云服务提供商很有用。

❑ 需要使用 Intel 至强可扩展处理器系列中的处理器提供大型 Enclave。

❑ 需要在无法访问互联网服务的网络环境中运行。

❑ 需要在内部保持鉴证决策。

❑ 应用程序需要以非常分散的方式（例如，点对点）工作。

❑ 不允许平台匿名。

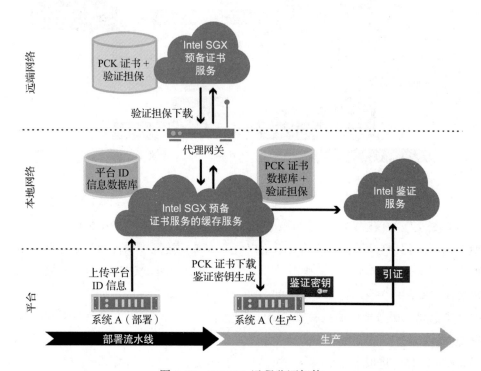

图 8-27　ECDSA 远程鉴证架构

8.4　开发框架 Teaclave

上一节介绍了如何使用 Intel SGX SDK 来构建 Enclave 应用，本节再介绍另一个开发框架 Teaclave，并通过该框架实现隐私集合求交以及隐私数据求和。

8.4.1　Teaclave 架构

目前，Teaclave 是 Apache 基金会一个的孵化项目（https://github.com/apache/incubator-teaclave），其前身是百度的 MesaTEE 开源系列项目。MesaTEE 开源系列项目由百

度安全联手 Intel 发布，主要包括核心基础安全框架 Rust-SGX-SDK（2017 年开源）和通用安全计算框架 MesaTEE（2019 年开源）。Teaclave 除了支持使用 Rust 语言外，还支持使用 Python 等语言进行开发。

Teaclave 主要面向云服务架构，用于设计多个运行在 TEE 的子系统，如图 8-28 所示。

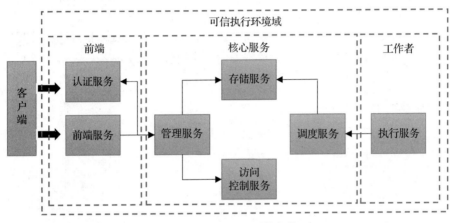

图 8-28　Teaclave 系统架构

子系统间通过双向认证通道进行通信。主要的子系统如下。

❑ 认证服务：基于 JWT（JSON Web Token）实现的用户认证服务。客户端在与平台进行交互前首先需要从该平台处获得 Token。

❑ 前端服务：类似于网关，是用户所有请求的入口。在用户请求通过后，该服务将请求转发到相应的其他服务。

❑ 管理服务：负责处理用户请求（比如注册函数、创建任务、调用任务）。该服务也会通过访问控制服务确定请求的操作是否获得授权。任务以及函数的信息都通过存储服务进行持久化存储。

❑ 存储服务：使用一个 key-value 数据库为平台提供如函数、任务信息等数据的持久化存储服务。

❑ 访问控制服务：提供一个弹性的访问控制语言，以支持多方安全计算场景下的访问控制。访问控制引擎由 Python 语言编写并且在 SGX 中执行。

❑ 调度服务：负责调度待执行的任务到相应的执行节点。

❑ 执行服务：提供多个执行器，负责执行调度服务调度过来的任务。云服务架构中可以有多个能力不同的执行服务。

8.4.2 通过 Docker 构建环境

Teaclave 的运行需要硬件支持 SGX，还需要在 BIOS 中将 SGX 开关打开，在系统中安装好相关驱动。这个安装过程略微复杂。如果硬件不支持 SGX，我们也可以使用模拟器模式运行 Teaclave。当然，模拟器模式无法通过远程认证，所以一些远程认证功能会被关闭。

构建并运行 Teaclave 的最简单方式就是使用 Docker。Teaclave 官方已经提供 Docker 镜像。我们可以直接使用以下命令以模拟器的形式构建 Teaclave：

```
git clone https://github.com/apache/incubator-teaclave.git
cd incubator-teaclave
docker run --rm -v $(pwd):/teaclave -w /teaclave \
  -it teaclave/teaclave-build-ubuntu-1804-sgx-2.14:latest \
  bash -c ". /root/.cargo/env && \
    . /opt/sgxsdk/environment && \
    mkdir -p build && cd build && \
    cmake -DTEST_MODE=ON -DSGX_SIM_MODE=ON .. && \
    make"
```

> **注意** 传入 SGX_SIM_MODE=ON 作为参数，以指示以模拟器的形式构建 Teaclave。

通过 docker-compose 可以启动上面提到的各个服务。docker-compose 配置文件中涉及远程认证的一些变量设置。由于是模拟器模式，因此通过简单设置就可以启动了。

```
export AS_SPID="00000000000000000000000000000000"
export AS_KEY="00000000000000000000000000000000"
export AS_ALGO="sgx_epid"
export AS_URL="https://api.trustedservices.intel.com:443"
cd docker
docker-compose -f docker-compose-ubuntu-1804-sgx-sim-mode.yml up --build
```

8.5 应用案例：Private Join and Compute

Private Join and Compute 是指对两个或者两个以上的集合求交集，然后在结果集上进行求和等计算。Teaclave 平台给出了基于可信执行环境实现的例子（9.3.1 节还将提到谷歌的 Private Join and Compute 项目）。Teaclave 平台的这个例子是使用 Python 语言实现客户端调用，使用 Rust 语言实现可信应用程序。具体为模拟 4 个用户，其中 3 号用户作为调用方，负责创建 Private Join and Compute 的计算任务；0 号、1 号和 2 号用户作为数据提供方，负责提供隐私数据。

1. 定义可信应用程序

Rust 语言实现的可信应用程序作为 Teaclave 的内置函数在名为 teaclave_function 的包装箱（crate）中实现。所有的内置函数都需要定义名称以及具体的实现，Private Join and Compute 也遵循这个规则，其定义的代码片段如代码清单 8-17 所示。

代码清单8-17　Private Join and Compute的函数定义的代码片段

```
#[derive(Default)]
pub struct PrivateJoinAndCompute;
#[derive(serde::Deserialize)]
struct PrivateJoinAndComputeArguments {
  num_user: usize,              // 参与计算的用户数
}
impl PrivateJoinAndCompute {
  // 定义名称
  pub const NAME: &'static str = "builtin-private-join-and-compute";
  pub fn new() -> Self {
    Default::default()
  }
  pub fn run( //定义具体的实现
    &self,
    arguments: FunctionArguments,
    runtime: FunctionRuntime, //用于访问外部资源，比如读写文件
  ) -> anyhow::Result<String> {
    ...
    let mut output = String::new();
    let data_0 = get_data(0, &runtime)?;
    let input_map_0 = parse_input(data_0)?;
    let mut res_map: HashMap<String, u32> = input_map_0;
    for i in 1..num_user {       //从各参与方处获取数据
      let data = get_data(i, &runtime)?;
      let input_map = parse_input(data)?;
      //进行集合求交运算
      res_map = get_intersection_sum(&input_map, &res_map);
    }
    ...
    let summary = format!("{} users join the task in total.", num_user);
    Ok(summary)                //返回函数执行情况的一段描述
  }
}
```

因为可信应用程序可以在 Enclave 中读取到明文数据，所以集合求交运算的逻辑就非常简单了。其相关实现的代码片段如代码清单 8-18 所示。

代码清单8-18　实现集合求交运算的代码片段

```
fn get_intersection_sum(
  map1: &HashMap<String, u32>,
  map2: &HashMap<String, u32>,
) -> HashMap<String, u32> {
  let mut res_map: HashMap<String, u32> = HashMap::new();
  for (identity, amount) in map1 {
    if map2.contains_key(identity) {
      let total = amount + map2[identity]; //隐私数据求和
      res_map.insert(identity.to_owned(), total);
    }
  }
  res_map
}
```

2. 注册到内置执行器

为了让 Private Join And Compute 函数能为外部应用提供服务，我们可将其注册到内置执行器，并使用 cfg 来支持条件编译，如代码清单 8-19 所示。

代码清单8-19　将函数注册到内置执行器的代码片段

```
impl TeaclaveExecutor for BuiltinFunctionExecutor {
  fn execute(
    &self,
    name: String,
    arguments: FunctionArguments,
    _payload: String,
    runtime: FunctionRuntime,
  ) -> Result<String> {
    match name.as_str() {
      ...
      #[cfg(feature = "builtin_private_join_and_compute")] //支持条件编译
      PrivateJoinAndCompute::NAME => PrivateJoinAndCompute::new().run(arguments,
        runtime),
      ...
    }
  }
}
```

3. 创建并执行隐私计算任务

最后通过客户端 SDK 来调用 teaclave-function 函数，比如使用 Python 语言的客户端 SDK。这里调用函数涉及注册输入和输出的文件、创建隐私计算任务、批准任务、调用任务以及获取计算结果。该 SDK 的具体接口列表可参考官方接口文档（https://teaclave.apache.org/api-docs/client-sdk-python/teaclave.html）。客户端初始化时需要从认证服务处获取 Token，然后与前端服务建立连接，以数据提供方为例，代码片段如代码清单 8-20 所示。

代码清单8-20　数据提供方通过SDK连接服务的代码片段

```
class DataClient:
  def __init__(self, user_id, user_password):
    self.user_id = user_id
    self.user_password = user_password
    self.client = AuthenticationService(
      AUTHENTICATION_SERVICE_ADDRESS, AS_ROOT_CA_CERT_PATH,
      ENCLAVE_INFO_PATH).connect().get_client()
    self.client.user_register(self.user_id, self.user_password)
    //登录认证服务并获取Token
    token = self.client.user_login(self.user_id, self.user_password)
    self.client = FrontendService(
      FRONTEND_SERVICE_ADDRESS, AS_ROOT_CA_CERT_PATH,
      ENCLAVE_INFO_PATH).connect().get_client()
    metadata = {"id": self.user_id, "token": token}
    //连接前端服务时需要提供从认证服务处获取的Token
    self.client.metadata = metadata
  def register_data(self, task_id, input_url, input_cmac, output_url,
                    file_key, input_label, output_label):
    ...
def approve_task(self, task_id):
    ...
def get_task_result(self, task_id):
    ...
```

调用方最重要的工作就是创建隐私计算任务。该工作主要通过与前端服务沟通完成，其实前端服务已经提供好接口，客户端调用即可。调用方创建隐私计算任务的代码片段如代码清单 8-21 所示。

代码清单8-21　调用方创建隐私计算任务的代码片段

```
def set_task(self):
  client = self.client
  function_id = client.register_function(
    name="builtin-private-join-and-compute",
    description="Native Private Join And Compute",
    executor_type="builtin",
    arguments=["num_user"],
```

```
    inputs=[
      FunctionInput("input_data0", "Bank A data file."),
      FunctionInput("input_data1", "Bank B data file."),
      FunctionInput("input_data2", "Bank C data file.")
    ],
    outputs=[
      FunctionOutput("output_data0", "Output data."),
      FunctionOutput("output_data1", "Output data."),
      FunctionOutput("output_data2", "Output date.")
    ])
 task_id = client.create_task(function_id=function_id,
                              function_arguments=({
                                "num_user": 3,
                              }),
                              executor="builtin",
                              inputs_ownership=[
                                OwnerList("input_data0",
                                          [USER_DATA_0.user_id]),
                                OwnerList("input_data1",
                                          [USER_DATA_1.user_id]),
                                OwnerList("input_data2",
                                          [USER_DATA_2.user_id])
                              ],
                              outputs_ownership=[
                                OwnerList("output_data0",
                                          [USER_DATA_0.user_id]),
                                OwnerList("output_data1",
                                          [USER_DATA_1.user_id]),
                                OwnerList("output_data2",
                                          [USER_DATA_2.user_id])
                              ])
    return task_id
```

执行以下命令运行程序：

```
SGX_MODE=SW \
PYTHONPATH=../../sdk/python \
python3 builtin_private_join_and_compute.py
```

最后输出结果：

```
[+] user3 registering user
[+] user3 login
[+] user3 registering function
[+] user3 creating task
...
[+] User 0 result: 3 users join the task in total.
```

```
[+] User 1 result: 3 users join the task in total.
[+] User 2 result: 3 users join the task in total.
```

总体而言，在了解 Teaclave 框架之后，实现集合求交和数据求和并不复杂。Teaclave 作为平台型解决方案，不但降低了隐私计算任务实现的复杂度，还提供了用户登录以及授权验证等功能，可以帮助开发者快速实现一个较为完整且具备隐私保护功能的应用。

8.6　可信计算

由于可信执行环境与可信计算在名称上比较相近，并且在某些特定场景下有相似之处，因此有时会二者被混用。但事实上，这是两个不同的概念，这里对可信计算简单做一下介绍。可信计算是由可信计算组（Trusted Computing Group，TCG）推动和开发的技术。其本质是在计算和通信系统中使用基于硬件安全模块支持的可信计算平台，来提升整个系统的安全性。

8.6.1　可信计算的基本思想

了解可信计算之前需要了解什么是可信。然而，目前"可信"公认的定义尚未形成，不同的专家和组织机构有不同的解释。

❑ TCG 认为如果一个实体的行为总是以预期的方式朝着预期的目标行进，那么这个实体就是可信的。

❑ 可信计算技术委员会认为，可信是指计算机系统所提供的服务是可信赖的，而且这种可信赖是可论证的。

❑ 我国沈昌祥院士认为，可信计算系统是能够提供系统的可靠性和可用性、信息和行为的安全性的计算机系统。系统的可靠性和安全性是现阶段可信计算最主要的两个属性。因此，可信可简单表述为：可信≈可靠＋安全。

综合各方观点，我们可以总结"可信"的几个重要特征：可预期、可信赖、安全且可论证。

说到可信系统的可信赖，那么就得再说一下信任的获得方法和信任链。信任的获得方法主要有直接和间接两种。假设 Alice 和 Bob 有交往，Alice 对 Bob 的信任度可以通过考察 Bob 以往的表现来确定，我们称这种通过直接交往得到的信任值为直接信任值。

假设 Alice 和 Bob 没有任何交往，但 Alice 信任 Charles，并且 Charles 信任 Bob，此时我们称 Alice 对 Bob 的信任为间接信任。有时还可能出现多级间接信任的情况，这时便产生了信任链。

在可信计算平台中，首先需要有一个安全信任根，再建立从硬件平台、操作系统到应用系统的信任链。在这条信任链上，从安全信任根开始一级测量一级，一级信任一级，以此实现信任的逐级扩展，从而构建一个安全可信的计算环境。一个可信计算系统由信任根、可信硬件平台、可信操作系统和可信应用组成，目标是提高计算平台的安全性。

8.6.2　可信计算的发展历史

20 世纪 70 年代初期，Anderson 首次提出可信系统的概念。从 20 世纪 90 年代开始，随着科学计算研究体系不断规范、规模逐步扩大，可信计算产业组织和标准逐步形成体系并完善。1999 年，IBM、HP、Intel 和微软等著名 IT 企业发起并成立了可信计算平台联盟（Trusted Computing Platform Alliance，TCPA），这标志着可信计算进入产业界。2003 年，TCPA 改组为可信计算组织（TCG）。目前，TCG 已经制定一系列可信计算技术规范，如可信 PC、可信平台模块（TPM）、可信软件栈（TSS）、可信网络连接（TNC）、可信手机模块等，且不断地对这些技术规范进行修改和版本升级。

我国在 2000 年开始吸收 TCG 技术理念，在 2006 年成立可信计算密码专项组。随着可信计算产业的发展和更多企业的加入，以及在有关政府部门的认可和支持下，可信计算密码专项组在 2008 年 12 月正式更名为中国可信计算工作组（China TCM Union，TCMU），先后制定了可信密码模块（TCM）、可信主板、可信网络连接等多项规范。

目前，国际上已形成以 TPM 芯片为信任根的 TCG 标准系列，国内已形成以 TCM 芯片为信任根的双体系架构可信标准系列。

8.6.3　可信计算在体系结构上的发展和变化

根据可信计算的发展，我们可以将可信计算划分成 3 个时代，如图 8-29 所示。

1）可信计算 1.0：主要考虑通过备份等机制增强系统可靠性，它是通过在系统中添加冗余，基于容错算法层实现的。

2）可信计算 2.0：基于可信平台模块（TPM）等可信根，实现一个软硬件结合的被动组件，向系统硬件、操作系统和应用提供可信调用接口。系统可以使用这些接口实现特定的可信功能。

3）可信计算 3.0：构造一个逻辑上可以独立运行、不依赖于操作系统和核心应用、可独立发展的可信子系统，通过这一可信子系统，以主动的方式监控宿主信息。

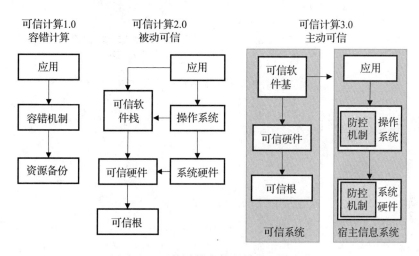

图 8-29　可信计算在体系结构上的变化

8.6.4　可信执行环境与可信计算的关系

从图 8-29 可以看出，可信计算 3.0 与可信执行环境有相似的地方。狭义上讲，可信执行环境与可信计算是由两个不同的组织提出的不同概念。目前，一些学者认为可信执行环境的一些实现实例可以看作广义上的可信计算。比如以 CPU 为核心的 Intel SGX、ARM TrustZone 可以看作广义上的可信计算，但基于纯软件的隔离技术的 TEE 并不属于可信计算范畴。

图 8-30 是部分数据保护技术的文氏图。由于一些技术在不同场合下属于不同的范畴（比如有些场合下，同态加密技术被划入多方安全计算范畴），有些技术的边界存有模糊，但图 8-30 基本上描述了这些数据保护技术之间的关系。

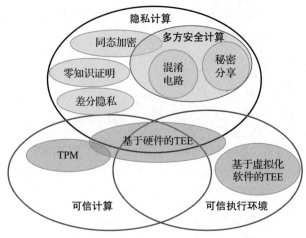

图 8-30 部分数据保护技术的文氏图

8.7 扩展阅读

8.7.1 侧信道攻击

侧信道攻击的主要目标是获取 Enclave 中的机密数据。侧信道攻击一般假设攻击者知道运行 Enclave 平台的硬件配置、特性和性能，比如 CPU、TLB、Cache、DRAM、页表、异常中断等各种底层运行机制。侧信道攻击甚至还假设攻击者知道 Enclave 初始化时的代码和数据，并且知道内存布局。内存布局包括虚拟地址、物理地址以及它们之间的映射关系。一般而言，了解并发起侧信道攻击的门槛是比较高的。

上面已有提到 SGX 的可信计算基很小，为什么 SGX 还可能受到侧信道攻击呢？那是因为 Enclave 并不能独立完成所有计算，如图 8-31 所示，Enclave 和 Non-enclave 之间仍需通信并共用一些系统资源，Enclave 运行过程中会用到 CPU 内部结构、TLB、Cache、DRAM、页表等，这些资源给侧信道攻击留下了非常大的攻击面。

侧信道攻击主要手段就是通过攻击面获取数据，推导获得控制流和数据流信息，最终获取被 Enclave 保护的代码或数据。比如 Enclave 在运行过程中会用到页表，而页表可以通过权限控制来触发缺页异常，也可以通过页表的状态位来表明在 CPU 中的某些操作。假如利用页表对 Enclave 页面的访问控制权，设置 Enclave 页面为不可访问。这个时候任何访问都会触发缺页异常，从而能够识别出 Enclave 访问了哪些页面。按照时间顺序把这些信息进行组合，攻击者就有可能反推出 Enclave 的某些状态和数据。虽然这类攻击的精度只能达到页粒度，无法区分更细粒度的信息。但是在某些场景下，这类攻击已经能够获得大量有用信息。

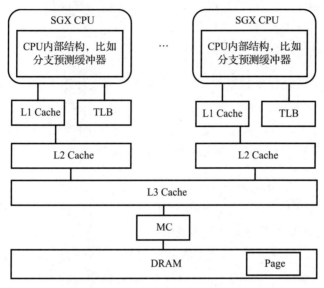

图 8-31　Intel SGX 侧信道的攻击面

SGX 侧信道攻击难以防御，究其原因是 SGX 需要 Enclave 和 Non-enclave 之间共享资源。共享资源给攻击者很大的攻击面去分析 Enclave 的控制流和数据流。而且攻击者拥有管理系统资源的能力，从而能够最大限度减小噪声干扰，提高侧信道攻击的成功率。SGX 侧信道攻击风险切实存在，我们在 SGX 实际应用过程中应该关注最新的相关漏洞的曝光事件，做好风险防范措施。

8.7.2　提升 TEE 开发易用性

基于原生 SDK 的开发存在较高的学习门槛，而很多实际业务应用依赖特定的库文件（如 PyTorch），此时基于 SDK 的开发会非常烦琐。在 TEE 研究领域，诸如库操作系统 LibOS、程序自动分割等易用性适配方式已经出现。

以 LibOS 来说，LibOS 相当于是在操作系统内核上提供了一份精简版的内核和软件运行库。LibOS 可以作为 TEE，为应用程序提供单独的安全环境。应用程序之间只能通过 LibOS 进行通信。这种方式的优点是可以较为快捷地将原有程序迁移到 TEE 环境，无须重新开发。这和虚拟机架构中的 Guest、HostOS 有些类似。

比较典型的 LibOS 实施方案包括 Graphene（https://github.com/oscarlab/graphene）、SCONE、Occlum（https://github.com/occlum/occlum）等。业务代码可直接通过 LibOS 在 Enclave 内部运行，无须重构，这大大方便了业务应用的接入。

8.7.3 手机上的可信执行环境

当下，移动互联网越来越繁荣，用户越来越频繁地使用手机进行身份认证和移动支付，这也可能带来隐私泄露及财产损失等安全隐患。面对这一现状，硬件设备制造商开始打造手机设备上的可信执行环境，从而实现为手机上的敏感程序和数据提供安全保护。其中，最为典型的可执行环境就是 ARM 的 TrustZone。

ARM TrustZone 与 Intel SGX 类似，它通过对原有硬件架构进行修改（如图 8-32 所示），在处理器中引入两个不同权限的保护域——安全世界（Secure World）和普通世界（Normal World）。而在任何时刻，处理器仅在其中一个环境内运行。两个世界硬件隔离并具有不同的权限，普通世界中运行的应用程序甚至操作系统访问安全世界中的资源是受到严格限制的。通常，普通世界中运行的是手机操作系统（例如 Android、iOS 等），该操作系统提供了富执行环境（Rich Execution Environment，REE）。安全世界则始终使用安全的小内核（TEE-kernel）提供可信执行环境（Trusted Execution Environment，TEE），隐私数据可以在 TEE 中被存储和访问。这样，即使普通世界中的操作系统被破坏或入侵，黑客依旧无法获取存储在 TEE 中的机密数据。

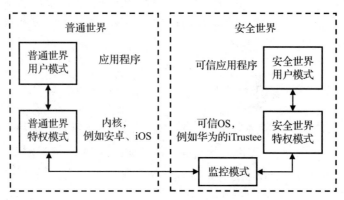

图 8-32　ARM TrustZone 普通世界与安全世界

TrustZone 设计的主要相关方主要如下。

❑ ARM 公司：定义 TrustZone 并实现硬件设计。

- 芯片厂家：在具体芯片上实现 TrustZone 设计，包括三星、高通、MTK、TI、ST、华为等。
- 应用提供方：如 DRM 厂家和安全应用开发商，实现一些安全应用的开发和认证等。

安全世界也需要操作系统，很多厂家都有自己的 TrustZone 操作系统，如华为的 iTrustee、高通的 QSEE、Google 的 Trusty 等。操作系统之上自然还有应用程序，TrustZone 中的应用程序一般被称为 TrustApp。每个 TrustApp 都在各自的沙盒里，彼此隔离。目前，包括表 8-5 所列厂商在内的很多国内外芯片厂商、技术方案提供商都推出了自己的安全世界的操作系统（TEE OS），并且大部分方案的外部接口会遵循全球平台（Global Platform，GP）的标准。

表 8-5　国内外部分 TEE OS 厂商列表

技术方案提供商	TEE OS 名称
华为	iTrustee
Trustonic	Kinibi
高通	QSEE
Marvell	Marvell TEE
三星	TEEGRIS
豆荚科技	ISEE
Solacia	SecuriTEE
Watchdata	WatchTrust
东信和平	TurboTEE
Google	Trusty

8.7.4　机密计算联盟

2019 年 8 月，Linux 基金会宣布多家巨头企业组建机密计算联盟（Confidential Computing Consortium），该基金会将负责对联盟活动进行监督。机密计算联盟（https://confidentialcomputing.io/）专门针对云服务及硬件生态，致力于保护计算数据安全。联盟创始成员包括阿里巴巴、百度、腾讯、Arm、谷歌云、IBM、Intel、微软、红帽和瑞士通。目前，联盟推崇的主要策略方法还是可信执行环境技术方案。Intel、微软、红帽还围绕此方案宣布共享开源工具。这三款工具分别是：

❏ Intel 开放软件保护扩展开发套件（Intel ® Software Guard Extensions Software Deve-lopment Kit）。这款套件可帮助应用开发者保护所选择的代码和数据，避免代码和数据在硬件层次被泄露或修改。

❏ 微软开放飞地软件开发套件（Microsoft Open Enclave SDK）。这款套件允许开发者通过建立抽象的 TEE 技术，一次构建跨多个基于 TEE 体系结构运行的应用程序。

❏ 红帽开放 Enarx，为 TEE 方案提供一个虚拟的平台，以支持创建和运行私有、可替换、无服务器备份的应用程序。

8.8 本章小结

在功能层面，TEE 对支持的运算没有任何限制，可以方便地适配丰富的应用场景，是一类通用性优异的隐私计算技术。在计算性能层面，相比于其他密码学隐私计算加密技术，TEE 也有着出色的计算性能。在商业应用层面，TEE 也得到了比较广泛的应用。目前，很多大型云服务商都提供了支持 TEE 的云服务。但是，TEE 还是相对年轻的技术，仍有不足之处，比如 TEE 引入了中心化可信执行环境认证体系，用户仍需要信任硬件厂商和平台服务商。而且，一旦出现安全风险，漏洞可能难以在短时间内得到修复。

TEE 开发框架 Teaclave 经过多年的积累，面向云服务架构设计通用计算框架，大幅简化了应用开发过程。在语言支持层面，Teaclave 除了支持 Rust 语言外，还支持受众更广的 Python 语言，大幅降低了框架的使用门槛。总体而言，Teaclave 是 TEE 领域值得关注的开源框架。

隐私保护是一项全方位的系统工程，构建安全、可用的隐私保护方案往往需要结合多种不同的技术。本篇将介绍图 1-3 中"应用技术"这一层中属于多方安全计算应用的隐私保护集合交集技术以及联合学习（即联邦学习）技术。

第 9 章 *Chapter 9*

隐私保护集合交集技术的原理与实践

隐私保护集合交集（Private Set Intersection，PSI）技术是指持有私有集合的参与方共同计算集合的交集，在计算完成后，一方或是多方得到集合正确的交集，但不会得到集合交集以外的任何信息。PSI 在现实中有着切实的应用需求，并且在联邦学习中也起着关键的作用。本章将介绍使用"安全保护技术"这一层中的相关技术来实现 PSI 的原理，并动手实现其中一种解决方案。

9.1 PSI 的实现原理

在很多场景下，保护集合的隐私是自然甚至是必要的需求，比如当集合是某用户的通信录，又或是某基因诊断服务用户的基因组时，我们就一定要通过密码学的手段对其进行保护。更具体的例子，比如当用户注册新的社交软件（例如微信）时，社交软件往往需要从用户现有联系人中寻找已经注册该软件的用户来帮助新用户在该社交平台上建立联系。将用户所有联系人发送给社交软件服务器可以快速、有效地完成该任务，但是用户联系人信息是隐私信息，这将导致用户的隐私信息彻底暴露给社交软件服务商。在这种场景下，如果将用户的联系人信息作为一方的输入，将社交软件服务的所有用户信息作为另一方的输入来进行 PSI 就可以完成发现共有联系人的功能，并且可以防止交集以外的信息泄露给任何一方。

隐私保护集合交集的实现方式大体有如下几类：基于哈希的 PSI、基于公钥加密的 PSI、基于混淆电路等 MPC 技术的 PSI、基于不经意传输的 PSI、基于全同态加密的 PSI 等。

9.1.1 基于哈希的 PSI

这里还是以社交软件中发现共有联系人的功能为例解释基于哈希的 PSI 的实现原理。客户端可以使用哈希函数对自己每一个联系人的 ID 信息（比如电话号码）计算哈希值，然后发送给社交软件服务器。社交软件服务器对自己服务的所有用户的 ID 信息使用同一哈希函数计算哈希值，并与客户提交的数据进行比对、求交集。

显然，这样基于哈希实现的 PSI 有着明显的优缺点。优点是该算法原理简单且实现方便，缺点是存在安全隐患：在数据取值范围有限的情况下存在暴力破解的风险，即攻击方计算所有可能存在的数据的哈希值，然后进行交集运算，即可得到另一方的所有输入信息。因此，此类实现方案较少采用。

9.1.2 基于公钥加密的 PSI

基于公钥加密的 PSI 技术比较多，有基于 Diffie-Hellmann（DH）的，有基于 RSA 盲签名的等。其中，盲签名是指签名人虽然对某个消息签了名，但他并不知道所签消息的具体内容。也就是说，对于签名人而言，消息被盲化处理了。

很多基于公钥加密的 PSI 技术的计算和通信复杂度都是随着集合大小线性增长的。因此，使用公钥加密体系的 PSI 通常会进行优化，就是在双方集合大小相差很大的情况下，花销很大的公钥加密操作可以集中在数据量多的一方提前离线计算，从而减少在线计算时的性能开销。

接下来，以基于 RSA 盲签名和哈希算法的 PSI 技术为例，简单介绍其工作原理（并将在 9.2 中实现该技术）。还是以社交软件的发现共有联系人功能为例，假设客户端有 x 个联系人 $p_1, p_2, \cdots, p_x$，服务器端有 y 个用户 $q_1, q_2, \cdots, q_y$，基于 RSA 盲签名和哈希算法的 PSI 技术可分为六步来实现，如表 9-1 所示。

表 9-1 基于 RSA 盲签名和哈希算法的 PSI 技术

服务器端数据集 $q_1, q_2, \cdots, q_y$		客户端数据集 $p_1, p_2, \cdots, p_x$
公钥对 (n, e)，私钥对 (n, d)	第一步：双方约定使用的 RSA 算法以及哈希函数 H，服务器端共享公钥对	

（续）

服务器端数据集 $q_1, q_2, \cdots, q_y$		客户端数据集 $p_1, p_2, \cdots, p_x$
	第二步：客户端离线准备	随机生成随机数（盲因子）: $r_i (\bmod n)$，并计算其对应的逆元 r_i^{-1} 以及 $p_i (r_i)^e$ $(\bmod n)$
计算 $H((q_j)^d (\bmod n))$	第三步：服务器端离线准备	
	第四步：客户端发送盲化后的数据	发送 $p_i (r_i)^e (\bmod n)$
发送 $H((q_j)^d (\bmod n))$ 以及盲签名后得到的 $(p_i)^d r_i (\bmod n)$	第五步：服务器端发送第三步中离线计算所得的数据以及盲签名数据	
	第六步：客户端进行匹配	计算 $H((p_i)^d\ r_i r_i^{-1}(\bmod n))$ 即获得 $H((p_i)^d (\bmod n))$，并与从服务器端接收到的数据 $H((q_j)^d(\bmod n))$ 进行比较

注：表中 i 取值 $1\sim x$，j 取值 $1\sim y$。

更详细的步骤描述如下。

第一步，首先双方需要约定使用的哈希函数 H 以及多少比特的 RSA 加密算法。然后，社交软件服务器端生成公钥对 (n, e)、私钥对 (n, d)，并向客户端公布其公钥对 (n, e)。

第二步，客户端随机生成 x 个随机数（盲因子）: $r_1(\bmod n), r_2(\bmod n), \cdots, r_x(\bmod n)$，并计算其对应的逆元 $r_1^{-1}, r_2^{-1}, \cdots, r_x^{-1}$。同时，客户端对自己所拥有的 x 个联系人信息进行盲化处理，即计算 $p_1(r_1)^e (\bmod n), \cdots, p_x(r_x)^e (\bmod n)$。

第三步，服务器端对自己所拥有的 y 个用户信息进行签名并使用约定的哈希函数进行哈希计算 $H((q_1)^d (\bmod n)), \cdots, H((q_y)^d (\bmod n))$。注意：前三步可以提前进行离线计算。

第四步，客户端将之前计算出的 $p_1 (r_1)^e (\bmod n), \cdots, p_x(r_x)^e (\bmod n)$ 发送给服务器端。

第五步，服务器端接到客户端发送来数据后计算 $(p_1(r_1)^e)^d (\bmod n), \cdots, (p_x (r_x)^e)^d$ $(\bmod n)$，即进行盲签名，这些值等价于 $(p_1)^d r_1(\bmod n), \cdots, (p_x)^d r_x (\bmod n)$。随后将盲签名后的结果以及之前在第三步计算出的 $H((q_1)^d (\bmod n)), \cdots, H((q_y)^d (\bmod n))$ 发送给客户端。

第六步，客户端接收到盲签名结果后将其乘以之前计算的盲因子逆元，然后使用约定的哈希函数 H 进行哈希计算，即计算 $H((p_1)^d r_1 r_1^{-1} (\bmod n)), \cdots, H((p_x)^d r_x r_x^{-1}(\bmod n))$，经计算可获得 $H((p_1)^d (\bmod n)), \cdots, H((p_x)^d (\bmod n))$。此时，与从服务器端收到的数据进行求交集计算即可获得双方的联系人交集。

显然，由于哈希算法存在碰撞问题，因此基于 RSA 盲签名和哈希算法的 PSI 技术可能存在误判，即将并非双方交集的联系人误判为在交集内。当然，出现这种情况的概率是极低的。

9.1.3 基于混淆电路等 MPC 技术的 PSI

PSI 问题本质上是一个特定场景下多方安全计算问题，而混淆电路作为多方安全计算的通用框架自然可以用来解决 PSI 问题。而且使用混淆电路通用框架来计算交集有易扩展特性，这是因为使用通用的多方安全计算协议，计算交集的函数是通过电路实现的，而将计算交集的电路的输出连到其他计算电路作为输入就可以计算交集的大小、交集中元素的和等，而且全部过程都能满足保护输入隐私的要求。这种易于扩展的性质是基于公钥加密或基于不经意传输的 PSI 所没有的，因此其是一种有实际应用价值的方案。

同理，我们还可以使用多方安全计算技术中的另一个通用技术（即秘密共享）来解决 PSI 问题。另外，多方安全计算中已经有恶意模型假设下的技术实现，因此使用MPC 技术实现 PSI 的另一个优势是安全性相对更高。

9.1.4 基于不经意传输的 PSI

基于不经意传输（Oblivious Transfer，OT）的 PSI 也是现在比较流行的 PSI 技术。许多基于 OT 的 PSI 技术达到与基于哈希的 PSI 技术复杂度在同一量级的性能。本节将介绍一个基于布隆过滤器（Bloom Filter，BF）和 OT 的实现方案。首先介绍布隆过滤器的一个变种：混淆布隆过滤器（Garbled Bloom Filter，GBF）。

1. 混淆布隆过滤器

GBF 基于标准的布隆过滤器（2.3 节已有介绍），但存储结构略有不同。其存储不是使用长度为 m 的位数组，而是使用长度为 m 的字符串数组，数组中的字符串长度为 λ 比特位。当需要向 GBF 中添加元素 X 时，类似标准布隆过滤器，分别使用 k 个哈希函数来对元素 X 进行哈希计算，获得 k 个位置值 $H_i(X)$。同时，将元素以特定的方式（在下面示例中描述）拆分成 k 个 λ 比特位长度的字符串，且使得 k 个字符串经异式（XOR）操作后等于元素 X。最后将字符串分别存放于 k 个位置值 $H_i(X)$ 所指向的字符串数组中的位置。

如图 9-1 所示，假设使用 3 个哈希函数，$X1$ 被先加入 GBF，$X1 = S_1^1 \oplus S_1^2 \oplus S_1^3$，经

拆分后的字符串分别存放于字符串数组中的位置 1、6、11。当 $X2$ 准备加入 GBF 时，发现 6 号位置已有数据，此时 $X2$ 需要进行特殊的拆分，即复用 6 号位置现有的数据，使得 $X2 = S_1^2 \oplus S_2^2 \oplus S_2^3$。在所有元素都加入 GBF 后，字符串数组中所有仍未存数据的位置都填入随机字符串。

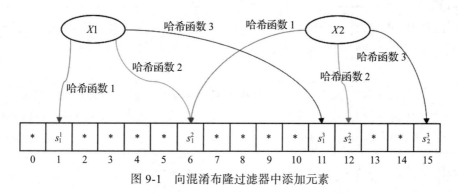

图 9-1　向混淆布隆过滤器中添加元素

具体构建 GBF 的操作方法可参考代码清单 9-1。

代码清单9-1　构建GBF的伪代码

```
BuildGBF(S, n, m, k, H, λ)
```
输入：S 为数据集，该数据集中的元素都需要加入 GBF；n 为数据集中元素的个数；m 为字符串数组的长度；k 为布隆过滤器使用的哈希函数的个数；H 为哈希函数的集合 $\{h_0, \cdots, h_{k-1}\}$；λ 为字符串数组存储的字符串的限定比特位长度。

输出：构建完毕的字符串数组 GBF_{so}

```
for i=0 to m-1 do
  GBFs[i] = NULL;
end
for each x∈S do
  emptySlot = -1, finalShare = x;
  for i = 0 to k - 1 do
    j = hi(x);                    // 获取存储位置
    if GBFs[j] == NULL then
      if emptySlot == -1 then
        emptySlot = j;            // 此位置用于存储finalShare
      else
        GBFs[j]设为随机字符串;
        finalShare = finalShare ⊕ GBFs[j];
      end
    else
        finalShare = finalShare ⊕ GBFs[j];
    end
  end
  GBFs[emptySlot] = finalShare; // 此处简化了emptySlot为-1的处理
```

```
end
for i = 0 to m-1 do
  if GBFs[i] == NULL then
    GBFₛ[i]设为随机字符串；
  end
end
```

对应到图 9-1，S_i^2、S_1^3 为随机字符串，而 $S_1^1 = X1 \oplus S_1^2 \oplus S_1^3$，因此满足 $X1 = S_1^1 \oplus S_1^2 \oplus S_1^3$。$S_2^3$ 为随机字符串，而 $S_2^2 = X2 \oplus S_2^1 \oplus S_2^3$，因此满足 $X2 = S_2^1 \oplus S_2^2 \oplus S_2^3$。

> **注意** 这里简化了极端情况下一个元素遍历完所有哈希函数后仍未找到存储位置的情况（即 emptySlot 仍为 -1）。此种情况发生的概率极低，对于条件允许的场景，我们可考虑放弃存储该元素。

接下来再看一下如何使用 GBF 查询元素，这个逻辑就比较简单了，具体可参考代码清单 9-2。

代码清单9-2   使用GBF查询元素的伪代码

```
QueryGBF(GBFs, x, k, H)
输入：GBFₛ为对数据集S构建GBF后的字符串数组，x为需要查询的元素，k为布隆过滤器使用的哈希函数
    的个数，H为哈希函数的集合{h₀,…,h_{k-1}}。
输出：如果x∈S，返回True；否则，返回False。
recovered = λ比特位长度的全0字符串
for i = 0 to k-1 do
  j = hᵢ(x);
  recovered = recovered ⊕ GBFₛ[j];
end
if recovered == x then
  return True;
else
  return False;
end
```

在介绍完 GBF 后，再介绍一下 GBF 与 BF 的交集运算。

2. GBF 和 BF 的交集运算

假设集合 S 经 GBF 映射后获得字符串数组 GBF_s，集合 C 经 BF 映射后获得位数组 BF_c，其中 GBF 和 BF 使用相同的参数：存储的数组的长度 m，哈希函数集合 $\{h_0, \cdots, h_{k-1}\}$。我们可使用代码清单 9-3 获得 $GBF_{c \cap s}$ 该方法获得的结果与对集合 S、C 先求交集再使用 GBF 映射的计算结果是等效的。

代码清单9-3　GBF和BF交集运算的伪代码

```
GBFIntersection(GBFₛ, BFᶜ)
输入：集合S经GBF后获得字符串数组GBFₛ，集合C经BF后获得位数组BFᶜ。
输出：数组GBFᶜ∩ₛ。
GBFᶜ∩ₛ = 新的长度为m的字符串数组
for i = 0 to m-1 do
  if BFᶜ[i] == 1 then
    GBFᶜ∩ₛ[i] = GBFₛ[i];
  else
    GBFᶜ∩ₛ[i] = 随机生成的字符串
  end
end
```

接下来介绍如何结合 OT 以及 GBF 来解决 PSI 问题。

3. GBF 与 OT 结合解决 PSI 问题

仍以社交软件的发现共有联系人功能为例，假设服务器端有用户集合 S，客户端有联系人集合 C，客户端通过以下步骤可最终获得双方集合的交集 $C \cap S$。

- ❑ 服务器端、客户端约定用于 BF 以及 GBF 的相关参数：存储的数组的长度 m，使用的哈希函数集合 $\{h_0, \cdots, h_{k-1}\}$。
- ❑ 服务器端针对集合 S 使用 GBF 进行映射，获得字符串数组 GBF_s。
- ❑ 客户端针对集合 C 使用 BF 进行映射，获得位数组 BF_c。
- ❑ 客户端使用 2.2 介绍的 OT 协议从服务器端接收 GBF_s 信息，客户端相当于表 2-1 中的 Bob，服务器端相当于 Alice。服务器端准备 m 个字符串对 $(x_{i,0}, x_{i,1})$，其中 $x_{i,0}$ 为随机生成的字符串，$x_{i,1}$ 为 $GBF_s[i]$。客户端遍历数组 BF_c。对于 $0 \leqslant i \leqslant m-1$，如果 $BF_c[i]$ 值为 0，客户端获得随机字符串；如果 $BF_c[i]$ 值为 1，客户端获得 $GBF_s[i]$。最终，客户端获得的结果为 $GBF_{c\cap s}$。
- ❑ 客户端遍历集合 C 中的所有元素，使用代码清单 9-2 中的方法利用 $GBF_{c\cap s}$ 判断自己所拥有的元素是否在集合 S 中。

至此，客户端获得了双方集合的交集。显然，上述算法使用的安全模型为半诚实模型。如果需要应对恶意对手方，协议还需进一步优化，并且已经有学者给出了方案，这里就不进一步阐述了。

9.1.5　基于全同态加密的 PSI

全同态加密允许直接在密文上进行计算而不必先解密数据，这样看似乎比较适合拥有较小集合的一方将数据加密后发送给另一方进行计算，然后将结果返回给加密方进行解密的场景。但实际上，如果真去实现这个原型协议，会发现效率非常差，主要原因是同态加密密文长度都不算太小。另外，同态加密电路的深度随着集合元素数量增加而快速增加，导致该方案性能较差。对此，微软的研究者针对集合大小不对称的场景进行了特殊优化，基于 SEAL 同态加密库实现了优化方案并取得了不错的性能。由于优化方案比较复杂，这里就不进一步阐述了。

9.2 应用案例

9.2.1 基于 BF 和 RSA 的 PSI

相对来讲，基于公钥加密的 PSI 原理不复杂，实现起来相对容易一些。这里就以9.1.2 节描述的基本原理为基础实现一个两方的半诚实模型下安全的 PSI 技术，其中需要用到的哈希单向函数选用 BF。BF 是一种多哈希函数映射的快速查找算法，可以判断出某个元素肯定不在集合或者可能在集合，即它不会漏报，但可能会误报，通常应用在一些需要快速判断某个元素是否属于集合，但不严格要求 100% 正确的场合。

RSA 算法在 2.1 节已有介绍。结合 BF 和 RSA 算法的特性，我们可设计出对应的 PSI技术。表 9-2 列出了基于 BF 和 RSA 的 PSI 技术的客户端与服务器端之间的交互步骤。

表 9-2　基于 RSA 盲签名以及布隆过滤器的 PSI 协议

服务器端数据集 $q_1, q_2, \cdots, q_y$		客户端数据集 $p_1, p_2, \cdots, p_x$
生成私钥	第一步：双方约定使用的 RSA 算法的模 n、公钥 e、比特位数 m 以及布隆过滤器函数 BF	
	第二步：客户端离线准备	随机生成随机数（盲因子）：r_i (mod n)，对这些数据进行盲化处理，得到 $p_i(r_i)^e$(mod n)，并计算盲因子对应的逆元 r_i^{-1}
计算 $BF((q_j)^d(\text{mod } n))$	第三步：服务器端离线准备	
	第四步：客户端发送盲化后的数据	发送 $p_i(r_i)^e$(mod n)
对客户端的数据进行盲签名，发送盲签名后得到的 $(p_i)^d r_i$(mod n) 以及 $BF((q_j)^d$ (mod n))	第五步：服务器端发送第三步中离线计算所得数据以及盲签名数据	
	第六步：客户端进行匹配获得最终结果	计算 $BF((p_i)^d r_i r_i^{-1}(\text{mod } n))$ 获得 $BF((p_i)^d(\text{mod } n))$，并与从服务器端接收到的数据 $BF((q_j)^d(\text{mod } n))$ 进行比较

注：表中 i 取值 1～x，j 取值 1～y。

9.2.2　实现方案

这里使用 Python3 来实现。为了简化，通过 range 函数取 range(0, 1024) 作为服务器端的数据集合，取 range(0, 1024, 249)（即 0、249、498、747、996）作为客户端的数据集合。

基于 gmpy2 库实现 RSA 算法，主要使用其中的 invert 函数进行乘法逆元的计算，使用 powmod 函数进行公钥加密和私钥签名；基于 pycryptodome 库生成密钥。哈希单向函数选用的 BF 基于 pybloom_live 库实现。

1）服务器端密钥生成。这里密钥生成后导出到本地文件，以便后续步骤读取并使用。相关代码片段如代码清单 9-4 所示。

代码清单9-4　密钥生成示例

```
def generate_private_key(bits=RSA_BITS, e=RSA_EXPONENT):
  private_key = RSA.generate(bits=bits, e=e)
  public_key = private_key.publickey()
  pbf = open('publickey.pem','wb')
  pbf.write(public_key.exportKey('PEM'))   # 导出公钥
  pbf.close()
  pvf = open('privatekey.pem','wb')
  pvf.write(private_key.exportKey('PEM'))  # 导出私钥
  pvf.close()
return private_key
```

2）客户端生成盲因子、计算其逆元，并将客户端数据进行盲化处理。这里将数据序列化到本地文件，以便后续步骤读取并使用。在实际应用中，我们也可以将其缓存在内存中。相关代码片段如代码清单 9-5 所示。

代码清单9-5　客户端对数据进行盲化处理的示例

```
def generate_random_factors(public_key):              #根据公钥计算盲因子
  random_factors = []
  rff = open('randomfactors.raw','w')
  for _ in range(RF_COUNT):
    r = secrets.randbelow(public_key.n)               #生成随机数
    r_inv = gmpy2.invert(r, public_key.n)             #求r的逆元
    r_encrypted = gmpy2.powmod(r, public_key.e, public_key.n) #公钥加密r
    random_factors.append((r_inv, r_encrypted))
    rff.writelines(f"{r_inv.digits()}\n")             #将盲因子序列化到本
                                                       地文件

    rff.writelines(f"{r_encrypted.digits()}\n")
```

```
    rff.close()
  return random_factors

  def blind_data(my_data_set, random_factors, n):
    A = []
    bdf = open('blinddata.raw','w')
    for p, rf in zip(my_data_set, random_factors):
      r_encrypted = rf[1]
      blind_result = (p * r_encrypted) % n               #将数据盲化
      A.append(blind_result)
      bdf.writelines(f"{blind_result.digits()}\n")
    bdf.close()
  return A
```

3）服务器端对其拥有的数据使用私钥签名并添加到 BF。这里将 BF 位图数据序列化并保存到本地，以便后续发送给客户端。相关代码片段如代码清单 9-6 所示。

代码清单9-6　服务器端对其拥有的数据签名并添加到BF的示例

```
  def setup_bloom_filter(private_key, data_set):
    mode = pybloom_live.ScalableBloomFilter.SMALL_SET_GROWTH
    bf = pybloom_live.ScalableBloomFilter(mode=mode)
    for q in data_set:
      sign = gmpy2.powmod(q, private_key.d, private_key.n)  #签名
      bf.add(sign)                                          #加入布隆过滤器
    bff = open('bloomfilter.raw','wb')
    bf.tofile(bff)                                          #将布隆过滤器位图数据序列
                                                            化并保存到本地
    bff.close()
  return bf
```

4）客户端将第二步中生成的盲化后的数据发送给服务器端，在实际应用中，一般通过网络传输实现。因其非本书重点，这里就不做相关介绍了。

5）服务器端接收到客户端发送的数据后使用私钥进行盲签名，并将盲签名以及第三步中生成的 BF 位图数据发送给客户端。这里将数据序列化到本地。网络发送的相关实现就不做介绍了。相关代码片段如代码清单 9-7 所示。

代码清单9-7　服务器端使用私钥进行盲签名的示例

```
  def sign_blind_data(private_key, A):
    B = []
    sbdf = open('signedblinddata.raw','w')
    for a in A:
      sign = gmpy2.powmod(a, private_key.d, private_key.n)#盲签名
```

```
        B.append(sign)
        sbdf.writelines(f"{sign.digits()}\n")          #将签名后的数据序列化到本地
    sbdf.close()
return B
```

6）客户端将使用第二步中计算所得的盲因子的逆元与服务器端盲签名后的数据相乘，并检查所得结果是否在 BF 中，如果在 BF 中，说明该数据为两方共有数据。相关代码片段如代码清单 9-8 所示。

代码清单9-8　客户端进行数据比对的示例

```
def intersect(my_data_set, signed_blind_data,
              random_factors, bloom_filter, public_key):
    n = public_key.n
    result = []
    for p, b, rf in zip(my_data_set, signed_blind_data, random_factors):
        r_inv = rf[0]                    #获取之前计算出来的逆元
        to_check = (b * r_inv) % n
        if to_check in bloom_filter:   #检查所得结果是否在BF中
            result.append(p)
    return result
```

9.2.3　运行环境以及执行

为了方便读者快速使用，下面展示 Dockerfile 文件内容，供读者参考进行 PSI 运行环境搭建，如代码清单 9-9 所示。

代码清单9-9　用于构建PSI运行环境的Docker镜像的代码

```
FROM ubuntu:20.04
RUN apt-get update && \
    apt-get install -y \
    python3-pip python3-gmpy2
RUN pip3 install bitarray==1.7.1 && \
    pip3 install pycryptodome && \
    pip3 install pybloom_live
VOLUME ["/root/projects"]
WORKDIR /root/projects
```

通过以下命令构建 Docker 镜像后启动，并在 Docker 中执行相应的程序，具体如下：

```
docker build -t rsa-psi .
docker run -it --rm --name rsa-psi `
```

```
    -v C:\ppct\rsa-psi:/root/projects rsa-psi /bin/bash
root@07613b81c7ce:~/projects# python3 server.py step1
[TIMER] function 'generate_private_key' took 618.4966564178467ms
root@07613b81c7ce:~/projects# python3 client.py step2
[TIMER] function 'generate_random_factors' took 302.11663246154785ms
[TIMER] function 'blind_data' took 5.178689956665039ms
root@07613b81c7ce:~/projects# python3 server.py step3
[TIMER] function 'setup_bloom_filter' took 3249.377965927124ms
root@07613b81c7ce:~/projects# python3 client.py step4
[MOCK] shared data size:2474
root@07613b81c7ce:~/projects# python3 server.py step5
[TIMER] function 'sign_blind_data' took 14.92166519165039ms
[MOCK] shared blind sign data size:2472
[MOCK] shared bloom filter data size:3059
root@07613b81c7ce:~/projects# python3 client.py step6
[TIMER] function 'intersect' took 0.2884864807128906ms
0
249
498
747
996
```

从执行结果可以看出，第一步到第三步中的计算耗时相对较长，但是这些部分都是可以提前进行离线计算的。第四步和第五步中的数据通信部分简化成文件共享的方式实现，并未实现网络通信部分。从数据文件大小（根据程序在控制台的输出）可以看出，需要传输的文件内容并不大。第六步中的输出结果显示计算结果完全正确。那么，如果服务器端的数据量大幅增加的情况下，计算性能会发生什么变化呢？这里可以做一个小测试，将服务器端的数据量扩大 10 倍，即使用 QLIST = list(range(0, 10240)) 作为服务器端集合的内容。客户端的数据集个数不变，这里使用 PLIST = list(range(0, 10240, 2490)) 作为客户端集合的内容。运行结果如下：

```
root@ee570b18679f:~/projects# python3 server.py step1
[TIMER] function 'generate_private_key' took 1117.7809238433838ms
root@ee570b18679f:~/projects# python3 client.py step2
[TIMER] function 'generate_random_factors' took 319.3948268890381ms
[TIMER] function 'blind_data' took 5.340576171875ms
root@ee570b18679f:~/projects# python3 server.py step3
[TIMER] function 'setup_bloom_filter' took 31630.18560409546ms
root@ee570b18679f:~/projects# python3 client.py step4
[MOCK] shared data size:2469
root@ee570b18679f:~/projects# python3 server.py step5
[TIMER] function 'sign_blind_data' took 15.436887741088867ms
```

```
[MOCK] shared blind sign data size:2473
[MOCK] shared bloom filter data size:25309
root@ee570b18679f:~/projects# python3 client.py step6
[TIMER] function 'intersect' took 0.3056526184082031ms
0
2490
4980
7470
9960
```

从控制台的输出可以看到，在第三步中服务器端的计算时间明显根据数据量的增加而成倍增加，第五步中服务器端需要共享的 BF 数据量也有显著增加，而其他计算时间以及文件大小都没有显著变化。而第三步中的计算是可以提前进行离线计算的。因此，服务器端数据量的增大，对于主要的在线计算而言，只会增大一些网络开销。总体而言，在允许一定的误报概率的情况下，这个方案是一个不错的选择。

9.3　扩展阅读

9.3.1　谷歌的 Private Join and Compute 项目

谷歌在 2019 年推出了开源隐私计算项目：Private Join and Compute。该项目综合了同态加密等多个隐私计算技术，不但实现了 PSI，还实现了数据隐私计算。其除了支持 sum 和 count 操作外，还支持 avg 等运算，是 PSI 技术的扩展应用。有兴趣的读者可以到 GitHub 上查看该项目，详见 https://github.com/Google/private-join-and-compute。

9.3.2　PSI 分析研究报告

来自上海交通大学 LATTICE 实验室和百度安全实验室的多位研究者在 2019 年发表了关于 PSI 的分析研究报告“多方安全计算热点：隐私保护集合求交技术（PSI）分析研究报告”。该报告分析并比较了多种 PSI 协议方案，包括攻击模型、安全模型、性能测试等。文章也对最新的基于 SGX 的 PSI 做了分析。结果表明，百度安全实验室自主提出的基于 SGX 的 PSI 在性能方面优势明显。有兴趣的读者可以详细研究这份报告。

9.4　本章小结

PSI 技术有着广泛的应用需求。隐私计算中的各项技术都可以用来解决 PSI 问题，比如基于公钥加密的 PSI、基于混淆电路等 MPC 的 PSI、基于不经意传输的 PSI、基于全同态加密的 PSI 等。在实际应用中，我们可在综合评估方案的扩展性、性能、安全模型、易实现性等方面后有选择地使用。

第 10 章 *Chapter 10*

联邦学习

联邦学习（Federated Learning）也称联合学习、联邦机器学习、联盟学习，是一个机器学习框架，能有效帮助多个参与方在满足用户隐私保护、数据安全和国家法规的要求下，进行数据使用和机器学习建模。机器学习是一门大学问，涉及的算法繁多（神经网络、逻辑回归、线性回归等）。分布式环境下的机器学习往往都是大工程，隐私数据保护更加复杂、难度更高。本章将介绍联邦学习的基本概念，并介绍各类基础隐私计算技术在联邦学习中的应用。可以看到，像联邦学习这类涉及算法多、适用范围广的综合性应用需要使用隐私计算的各项基础技术来保护数据隐私，复杂性很高。

10.1 联邦学习的源起

联邦学习概念是 2016 年由谷歌提出的。谷歌为了提升 Android 输入法的用户体验，需要针对输入法进行建模。如图 10-1 所示，用户输入"Tr"，或许他可能想继续输入"ump"，而不是"ip"，因为最近大家关注"Trump"比"Trip"要多得多。如果输入法能自动联想出来，就能提升用户体验。

图 10-1　Google Gboard 安卓输入法预测

但是自动联想模型需要大量的用户数据才能训练出来，怎么获得这些用户数据呢？一个比较简单的做法是用户输入了什么字就把这个字全部收集到云端，但这种做法无疑侵犯了用户的隐私。怎样在不收集用户输入文字的前提下，预测出用户接下来需要输入的文字呢？谷歌提出了"联邦学习"这个技术。如图 10-2 所示，多个手机终端各自利用本地数据（图中的 A），共同训练一个模型（图中的 B）并将最终训练好的模型推送给手机终端（图中的 C）。现在，这种联合学习的场景被延伸到了很多其他地方。

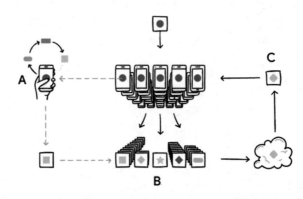

图 10-2　谷歌通过联邦学习实现多个手机终端共同训练模型

那么，什么是联邦学习？当多个数据拥有方 $\{F_1, \cdots, F_N\}$，想要联合他们各自的数据 $\{D_1, \cdots, D_N\}$ 训练机器学习模型时，传统做法是把数据整合到一方 $D = \{D_1 \cup \cdots \cup D_N\}$，并利用数据 D 进行训练，得到模型 M_sum。然而，该方案由于涉及隐私和数据安全等法律问题而难以实施。为了解决这一问题，研究者引入了联邦学习。联邦学习是指数据拥有方 F_i 在不用给出己方数据 D_i 的情况下，也可进行模型训练，得到模型 M_fed，并能够保证模型 M_fed 的效果 V_fed 与模型 M_sum 的效果 V_sum 之间的差距足够小，即 |V_fed−V_sum|<δ，这里 δ 是任意小的一个正值。

举例来说，假设 Alice 和 Bob 是两家不同的医院，各自拥有孤立的患者数据库，数据库中的数据可用于机器学习，以帮助医生进行诊断。如果能将两家医院的数据放到一起进行模型训练，将使训练出的模型更智能、预测更准确，但由于隐私保护要求，各方的数据不允许离开各自的数据中心，也无法简单地合并在一起。联邦学习可以让 Alice 和 Bob 各自的数据不离开本地，各自在本地进行模型训练，仅以加密形式进行模型参数交换，最终使训练出的模型与把数据放在一起训练出的模型一样优秀。这也是联邦学习的基本思想："数据不动，模型动"。为了防止模型参数泄露隐私，我们可使用隐私计算技术。

10.2　联邦学习的分类

在实际应用中,联邦学习希望打通的孤岛数据分布具有不同的特点。根据这些特点,我们一般把联邦学习分为横向联邦学习、纵向联邦学习和联邦迁移学习。

10.2.1　横向联邦学习

横向联邦学习(Horizontal Federated Learning)的本质是样本的联合,适用于参与者间业态相同或相近,但触达客户不同(即特征重叠多,用户重叠少)的场景。比如不同地区的银行的业务相似(特征相似),但用户不同(样本不同)。此时,把数据集按照横向(即用户维度)切分,取出各方用户特征相同而用户不完全相同的那部分数据进行训练,这种方法就叫作横向联邦学习,如图 10-3 所示。

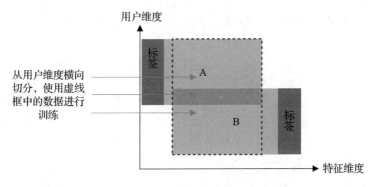

图 10-3　横向联邦学习

图 10-4 是横向联邦学习典型的训练过程。在这个系统中,有 k 个参与方,他们所拥有的数据的结构相同,通过一个服务器 S 来协同进行模型训练。典型的安全假设是各参与方是诚实的,但是服务器 S 是半诚实的,因此发送给服务器 S 的数据需要加密处理。该典型的训练过程主要包含以下 4 步。

1)每个参与方各自利用本地数据训练模型,将计算产生的梯度(属于机器学习中的基础概念)加密后上传给服务器 S。

2)服务器 S 对各参与方所发送的数据进行安全聚合(10.3.3 节还会有进一步的描述)。

3)服务器 S 返回更新后的结果并发送给各参与方。

4)各参与方使用解密后的梯度更新各自的模型。

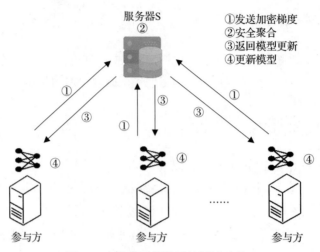

图 10-4　横向联邦学习的训练过程

迭代上述步骤直至损失函数（用来估量机器学习模型的预测值与真实值的不一致程度）收敛，这样就完成了整个训练过程。

横向联邦学习可以看作基于样本的分布式模型训练，数据分布于不同的机器，每台机器利用本地数据训练模型，之后发送给服务器加密后的梯度数据，服务器聚合各机器发来的梯度数据，更新模型，再把最新的模型反馈到每台机器。在这个过程中，机器之间不交流、不依赖。在预测时，每台机器也可以独立预测。这种类型的训练不依赖特定的机器学习算法（比如逻辑回归、DNN 等），并且所有的参与方都获得了最终的模型参数。谷歌最初就是采用横向联邦学习方式解决 Android 手机终端用户在本地更新模型的问题的。

10.2.2　纵向联邦学习

纵向联邦学习（Vertical Federated Learning）的本质是特征的联合，适用于用户重叠多、特征重叠少的场景。比如同一地区的银行和商场的用户都为该地区的居民（样本相同），但业务不同（特征不同）。同时，银行还拥有模型训练需要的标签数据。此时，把数据集按照纵向（即特征维度）切分，并取出双方用户相同而用户特征不完全相同的那部分数据进行训练，这种方法就叫作纵向联邦学习，如图 10-5 所示。

图 10-6 是纵向联邦学习典型的训练过程。在这个系统中，各参与方拥有不同特征的数据，但数据 ID 定义一致。另外，参与方 B 还拥有标签数据。典型的安全假设是各

参与方是半诚实的，当参与方只有两方时，为了通信安全，通常还会引入一个半诚实的第三方，且假设该第三方不会与任何参与方合谋。通常，多方安全计算技术可以为此类协议提供隐私保护，或者使用类似 Intel SGX 等基于硬件的可信执行环境作为协调者。在训练的最后，每个参与方将只获得与自己数据的特征相关联的模型参数，因此，在使用模型进行预测时需要各个参与方协同计算。

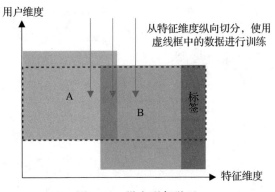

图 10-5 纵向联邦学习

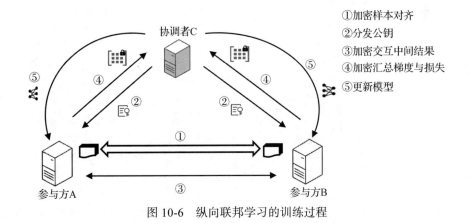

图 10-6 纵向联邦学习的训练过程

其训练过程主要包含以下几步。

1）使用 PSI 技术进行样本对齐。

2）由协调者 C 向参与方 A 和 B 发送公钥，用于对训练过程中需要交换的数据进行加密。

3）参与方 A 和 B 之间以加密形式交互用于计算梯度和损失计算的中间结果。

4）参与方 A 和 B 分别计算加密后的梯度值并添加掩码，同时参与方 B 根据其标签数据计算加密后的损失，A 和 B 都把结果汇总给协调者 C。

5）协调者 C 解密梯度和损失后回传给 A 和 B，A 和 B 去除梯度信息上的掩码，并更新各自模型的参数。

迭代第 2～5 步，直至损失函数收敛，这样就完成了整个训练过程。在样本对齐及模型训练过程中，参与方 A 和 B 各自的数据均保留在本地，都不知道另一方的数据和特征，且训练中的数据交互也不会导致数据隐私泄露。训练结束后，参与方只得到自己侧的模型参数，即半模型。由于各参与方只能得到与自己相关的模型参数，因此预测时需要双方协作完成。

10.2.3　联邦迁移学习

当参与方之间特征和样本重叠都很少时，我们可以考虑使用联邦迁移学习（Federated Transfer Learning），如图 10-7 所示。比如不同地区的银行和商场由于受地域限制，这两家机构的用户群体交集很小。同时，由于机构类型不同，二者的数据特征也只有小部分重合。在这种情况下，我们可引入联邦迁移学习。此方式主要适用于以深度神经网络为基础模型的场景。

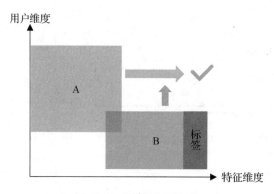

图 10-7　联邦迁移学习

具体地，我们可以扩展已有的机器学习方法，使之具有联邦迁移学习的能力，比如，可以首先利用各参与方将本地数据训练各自的模型，然后，将模型进行加密以免泄露隐私。在此基础上，对这些模型进行联合训练，最后得出最优的模型，再返回至各参与方。

10.3　基础隐私计算技术在联邦学习中的应用

事实上，联邦学习是一个非常复杂的综合应用，很多隐私计算的基础技术都在联邦学习中得到了应用。比如在样本对齐时使用的 PSI 技术，以及在联邦学习梯度交换中使用的同态加密技术等。接下来举例介绍一下各类基础隐私计算技术在联邦学习中的应用。

10.3.1　PSI 在联邦学习中的应用

10.2.2 节提到纵向联邦学习需要进行样本对齐，即需要对各参与方的 ID 集合求交集。以银行和商场进行联合建模为例，商场拥有大量会员的消费数据（如表 10-1 所示），而银行除了拥有其客户的金融数据外，还有客户的业务表现数据（如表 10-2 所示）。同时，商场缺乏会员的业务标签数据，无法独立建模，而银行的金融数据维度有限，如果独立建模，效果无法达到预期，因此银行有联合商场进行建模的需求。

表 10-1　商场业务系统数据

ID（身份证号）	X1（使用停车库次数）	X2（年消费额）	X3（是否有消费奢侈品）
U1	0	15 000	有
U2	3	4580	无
U3	25	56 530	有
U4	3	1086	无

表 10-2　银行业务系统数据

ID（身份证号）	X4（央行征信分）	X5（银行内部评分）	Y（是否有逾期表现）
U1	500	500	有
U4	600	580	无
U5	520	530	无
U8	580	580	无

从双方的表结构可以看到，双方都使用了身份证号作为 ID，联合建模所使用的数据需要达到表 10-3 所示的效果。

表 10-3　商场与银行业务系统数据内连接后的效果

ID	X1	X2	X3	X4	X5	Y
U1	0	15 000	有	500	500	有
U4	3	1086	无	600	580	无

商场的业务数据涉及用户隐私，无法全量传给银行进行数据融合，因此需要采用纵向联邦学习技术。纵向联邦需要对双方数据的 ID 进行对齐。为了避免数据泄露，双方就需要使用隐私保护技术进行计算，即使用 PSI 技术。在第 9 章中我们已经详细介绍了各类基于隐私计算技术的 PSI 实现方法，这里就不再重复了。

10.3.2 同态加密在联邦学习中的应用

本节简单介绍一个同态加密在联邦学习中的应用场景：特征工程。特征工程是机器学习建模中非常重要的一环。在纵向联邦学习场景下，参与方 A 只有特征 X 没有标签 Y，然而计算 WoE（Weight of Evidence）或者 IV（Information Value）得同时依赖 X 和 Y，因此需要使用隐私计算技术完成计算，比如图 10-8 的特征工程中使用了同态加密技术。

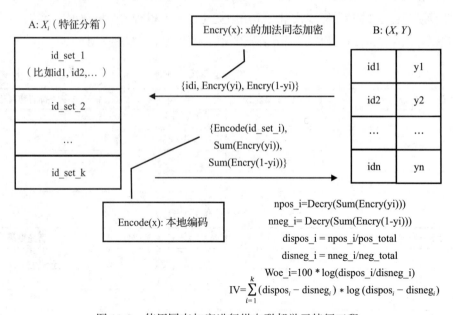

图 10-8　使用同态加密进行纵向联邦学习特征工程

在图 10-8 中，参与方 B 拥有标签 Y，各步骤说明如下。

1）首先参与方 B 对每一条数据的 y 以及 $1-y$ 进行同态加密，然后给到 A。

2）A 对自己的特征进行分箱处理，在分箱中执行密文求和操作，再把结果给到 B 进行解密。

3）B 解密并算出每个特征分箱的 WoE 值和 IV 值。

在这个过程中，没有明文数据传输，A 不知道 B 的 y 值，同时 B 也不知道 A 中每个特征的值，从而在保护安全隐私的前提下，完成了特征工程的计算。

10.3.3　秘密共享在联邦学习中的应用

本节介绍秘密共享在横向联邦学习以及纵向联邦学习中的一些应用。

1. 秘密共享在横向联邦学习中的应用

谷歌的学者 Keith Bonawitz 等在论文"Practical Secure Aggregation for Privacy-Preserving Machine Learning"中提出为移动手机使用横向联邦学习进行模型训练的方案。该方案中提出使用秘密共享进行梯度更新。

首先简单介绍一下 FedAvg 算法，正如在 10.2.1 节提到的横向联邦学习的典型训练过程，服务器 S 需要将局部模型整合成全局模型，FedAvg 算法正是为此提出的。FedAvg 算法主要是要将多个使用随机梯度下降（SGD）算法的深度学习模型整合成一个全局模型。其直观思想是将训练过程分为多个回合，每个回合中选择若干个局部模型对数据进行学习，在一个回合结束之后，服务器对所有参与学习的局部模型的参数进行聚合，然后对其取平均得到全局模型。但是，局部模型的参数是需要进行隐私保护的，因此 FedAvg 算法需要改进。这个问题可以描述为系统中有 m 个客户端 $C_1, C_2, \cdots, C_m$，其中 C_i 有一个秘密数据 x_i。现在，所有的客户端和服务器端需要协同求出所有秘密数据的和 $\sum_{i=1}^{m} x_i$，但是 C_i 的输入 x_i 不能泄露给服务器 S，另外，x_i 也不能泄露给其他客户端。

针对这个问题，一个最简单的方案是用随机数进行掩码。比如对于任意两个数 a 和 b，如果我们需要计算 $c = a+b$，可以生成一个随机数 r，然后构造 $a' = a + r$，$b' = b-r$，这样就有 $a' + b' = a + r + b-r = a + b$。基于这个基本原理，如图 10-9 所示，我们可以让客户端两两共享一个随机数 $s_{u,v}$ 来掩盖真实的 x_u，即 $x_u' = \mathrm{mask}(x_u, s_{u,v})$，从而让服务器 S 无法得知 x_u。另一方面，所有的 x_u' 求和之后将所有的随机数 $\{s_{u,v}\}$ 抵消，论文中给出的掩码函数的公式表示如下（其中，U 为所有客户端的集合）：

$$y_u = x_u + \sum_{u \in U;\, u<v} s_{u,v} - \sum_{u \in U;\, u>v} s_{v,u} \pmod{R}$$

两两共享的随机数可以通过 Diffie-Hellman 密钥协商协议生成。为了减少通信开销，Bonawitz 等还提出了优化方案：协商的密钥可作为伪随机数生成器（Pseudo Random Generator，PRG）的种子，而不是随机数 $s_{u,v}$，即

$$y_u = x_u + \sum_{u \in U;\, u < v} \mathrm{PRG}(s_{u,v}) - \sum_{u \in U;\, u > V} \mathrm{PRG}(s_{v,u})(\mathrm{mod}\ R)$$

u_1

y_1

服务器S

$\sum_{i=1}^{3} y_i$

y_2 y_3

u_2 u_3

$$y_1 = x_1 + 0 - (s_{1,2} + s_{1,3})$$
$$y_2 = x_2 + s_{1,2} - s_{2,3}$$
$$y_3 = x_3 + (s_{1,3} + s_{2,3}) - 0$$

$$\sum_{i=1}^{3} y_i = x_1 + x_2 + x_3 - s_{1,2} + s_{1,2} - s_{1,3} + s_{1,3} - s_{2,3} + s_{2,3} = \sum_{i=1}^{3} x_i$$

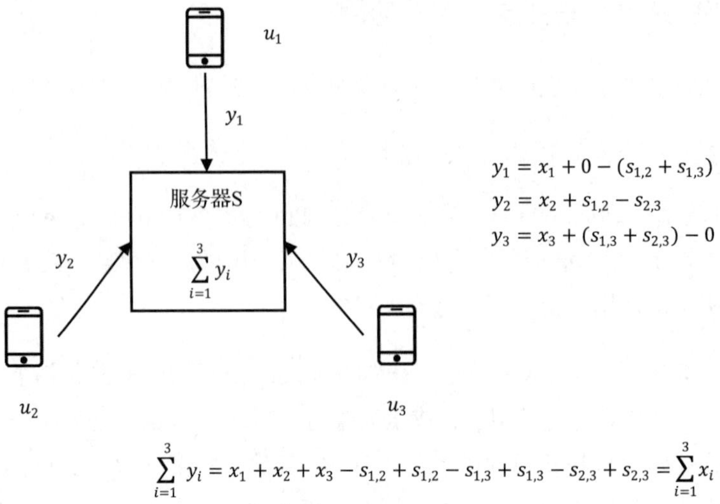

图 10-9 单随机数掩码

但是，简单的随机数掩码方案还是存在一个致命的问题，即客户端可能掉线。任何一个客户端 C_u 掉线都会导致其所对应的随机数不能被抵消，最终结果便是一个无意义的数。解决客户端 C_u 掉线问题的一个简单办法是每个客户端将自己的种子用 4.2 节介绍的门限秘密共享方式分享给其他客户端，这样只要至少 t 个客户端在线，那就能在有限次的上传中恢复种子，从而生成因 C_u 掉线而没有抵消的随机数，进一步恢复预期的结果。

但是，这样又会有新的问题。假设 C_u 的网络有些慢，服务器 S 在等了一段时间之后没有收到数据，觉得 C_u 掉线了。于是，服务器 S 向其他客户端发消息广播："C_u 掉线了，请大家把它的种子分享出来。"但是在，服务器 S 获得 C_u 的种子之后，C_u 掩码之后的数据 y_u 赶到，这时服务器 S 就可以轻易地恢复出 C_u 所有的随机数并恢复出 x_u。因此，这个简单的门限秘密共享方案存在安全问题。为此，Bonawitz 等人引入了一个新的随机数 b_u 来解决这个问题。新的随机数直接加到 y_u 上，即 $y_u = x_u + \mathrm{PRG}(b_u) + \sum_{u \in U;\, u < v} \mathrm{PRG}(s_{u,v}) - \sum_{u \in U;\, u > v} \mathrm{PRG}(s_{v,u})(\mathrm{mod}\ R)$，这种方式称为双掩码。

在双掩码方案中，客户端 C_u 在生成 $s_{u,v}$ 时还需生成另一个随机数种子 b_u，且在使用门限秘密共享方案时，还将 b_u 分享给其他客户端。如果服务器 S 判断 C_u 掉线，而需要恢复数据时，需明确其他在线的客户端是协同恢复 $s_{u,v}$ 还是 b_u。每一个诚实的客户端

C_v 只会协同恢复出 $s_{u,v}$ 和 b_u 中的一种。最后，S 可以收集到所有掉线的客户端的 $s_{u,v}$，以及所有在线的客户端的 b_u，这样就可以计算出所有在线客户端的模型参数了。

2. 秘密共享在纵向联邦学习中的应用

以纵向联邦学习进行神经网络训练的一种直观思路是使用基于秘密共享的多方安全计算：在机器学习开始时，使用秘密共享的方法将每个参与方持有的特征分享给所有参与方。这样，参与方同时承担起了图 1-2 中计算方的角色。计算方共同持有所有的特征维度，只不过每个计算方持有的都是特征的密文，计算方可以协同用密文的特征训练神经网络，得到加密的神经网络参数。之后每个参与方可以共同解密这个神经网络，得到明文的神经网络参数。当然，这个方案有别于主流的"数据不动，模型动"的联邦学习思想，通信和计算量很大，但方案直观且支持使用恶意模型的协议，可酌情考虑使用。

10.3.4　差分隐私在联邦学习中的应用

相对而言，基于同态加密、秘密共享等技术进行梯度保护获得的模型较为准确，但通信或者计算代价比较大，通信、计算延迟都较高。因此，我们还可以考虑使用差分隐私技术对梯度信息添加随机噪声以保护用户梯度的私密性，这样不会有很高的通信或者计算代价。值得注意的是，隐私保护预算开销和联邦学习效率之间的平衡有一定的挑战。这是因为采用较高的隐私保护预算开销可能对一些大规模攻击活动（如基于生成式对抗网络 GAN 的攻击）没有很大的作用，而采用较低的隐私保护预算开销又会阻碍本地模型的收敛。

10.3.5　TEE 在联邦学习中的应用

不管是在横向联邦学习还是在纵向联邦学习，它们都面临着信息聚合问题。而如果使用基于硬件的 TEE 方案（如 Intel SGX），基于第 8 章的介绍，相信解决方案已经比较直观了。典型的解决方案如图 10-10 所示，其由位于中心的聚合服务器（Aggregator）Enclave 以及部署在各处的客户端 Enclave 组成联邦学习集群，聚合服务器和各处客户端中的 Enclave 均是由 Intel SGX 创建、在内存中构造出的可信区域。

在该方案中，客户端与聚合服务器之间是通过加密通道进行信息传输的，训练数据、明文 AI 模型以及 AI 算法都在客户端本地。其训练过程主要分为以下几步。

1）在初始化过程中，Enclave 都会自己产生公私密钥对，客户端的公钥注册到聚合服务器，私钥保存在各自的 Enclave 里。

2）当训练开始时，聚合服务器会和目标 Enclave 通过 Diffie-Hellman 密钥协商协议来建立加密连接。

3）连接建立后，聚合服务器首先会将待训练的 AI 模型加密推送到各个客户端 Enclave，然后各个客户端 Enclave 把模型解密并传送到本地 AI 训练环境，以便对本地数据实施训练。

4）训练结束后，客户端本地 AI 训练环境将得到的中间参数返回至本地的 Enclave。

5）客户端 Enclave 会在加密连接里把中间参数加密并传给聚合服务器 Enclave。聚合服务器 Enclave 将收到的中间参数进行快速聚合，并根据结果对 AI 模型进行优化调整，而后进行下一轮的迭代。

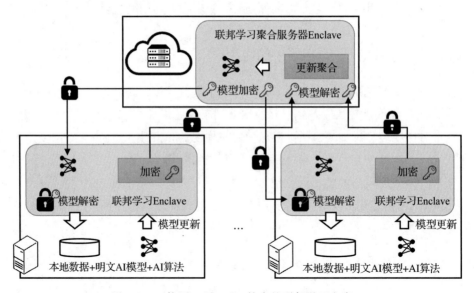

图 10-10　使用 Intel SGX 技术的联邦学习方案

在方案的整个迭代过程中，AI 模型以及中间参数都在加密通道以及 Enclave 内进行传递和交互。通过 Enclave 构建的安全壁垒，我们实现了联邦机器学习的隐私数据保护。

10.4　扩展阅读

10.4.1　开源的联邦学习框架

从表 10-4 中可以看到，国内一些开源框架在功能、成熟度方面已经不输国外的项目了。

表 10-4 几个比较流行的开源联邦学习框架

框架名称	受众定位	牵头公司	支持类型	机器学习算法	基础隐私计算技术	开源地址
FATE	工业产品、学术研究	微众银行	横向联邦、纵向联邦、迁移学习	LR、GBDT、DNN 等	同态加密、秘密共享	https://github.com/FederatedAI/FATE
PaddleFL	工业产品、学术研究	百度	横向联邦、纵向联邦	LR、DNN 等	同态加密、秘密共享、差分隐私	https://github.com/PaddlePaddle/PaddleFL
TensorFlow Federated	学术研究	谷歌	横向联邦	LR、DNN 等	差分隐私	https://github.com/tensorflow/federated
Pysyft	学术研究	OpenMind	横向联邦	LR、DNN 等	同态加密、秘密共享、差分隐私	https://github.com/OpenMined/PySyft
CrypTen	学术研究	Facebook	横向联邦	LR、DNN 等	秘密共享	https://github.com/facebookresearch/crypten

10.4.2 联邦学习的国际标准

2021 年 3 月，首个联邦学习国际标准正式发布。参与撰写标准的单位主要有微众银行、创新工场、星云、第四范式、松鼠 AI、京东城市、腾讯云、逻辑汇、华为、中国电信、小米、华大基因、中电科大数据研究院、Senses Global、依图、百度等。该标准经 IEEE 终版确认，形成正式标准文件（IEEE P3652.1）。联邦学习生态的建立离不开国际标准。作为世界上首个联邦学习国际标准，其参与度之广印证了合规使用大数据的时代特征；其权威性之高体现了社会对联邦学习技术的强烈需求。

10.5 本章小结

近年来，机器学习可谓风风火火，但机器学习需要大量数据进行模型训练。联邦学习技术无疑有助于打破数据孤岛，助力数据合法、合规流通、发挥更大的价值。在本章中，我们可以看到各项基础隐私计算技术在联邦学习中发挥着重要的作用。然而，隐私保护没有银弹，联邦学习涉及算法多、适用范围广，并且机器间交互数据所具有的隐私信息非常隐蔽，在实际应用中需要我们综合考量安全、性能、准确性、易用性各方面因素，因此联邦学习是具有较高的入门门槛的。当然，随着联邦学习生态的逐渐完善，相信联邦学习会越来越容易上手，为数据流通发挥更加积极的作用。

第四篇

展　望

回顾前文，不难看出隐私保护不是一个简单的问题，隐私计算技术也绝非银弹。为了解决数据流通问题，在个人信息和隐私保护合规监管日渐趋严的大背景下，我们需要综合考量各方面因素，合理使用各种隐私计算技术。作为一个新兴领域，隐私计算尚处于推广初期，但未来前景可期。本篇作为本书的结尾，将对隐私计算技术进行展望，探讨隐私计算的未来与发展。

第 11 章 : *Chapter 11*

隐私计算的困境与展望

本章将探讨隐私计算的困境和出路，介绍隐私计算技术的标准化进展，然后从数据要素出发，展望有望成为数据要素化基础设施的关键隐私计算技术。

11.1　隐私计算的困境

随着社会进入数据要素时代，国际局势越发变化莫测，数据要素问题变得更加复杂。在隐私计算领域，个人数据安全使用的法律的定位、企业内和企业间数据的分析与流通以及全球性的数据跨境交易，都面临着前所未有的挑战。

1. 法律合规之困

在个人数据安全使用方面，隐私计算是否满足法律规定的例外条款还需要进一步明确。可以说，隐私计算业务的高速发展还依赖于法律法规的不断完善。

2. 高试错成本之困

隐私计算在企业内应用也存在一定难度。隐私计算对数据规范性、一致性以及数据质量有较高的要求。同时，隐私计算本身的复杂性和计算效率对企业的大规模商用也提出了较高的要求。另外，一些经过处理的数据的隐私信息非常隐蔽，风险评估难度较大。因此，企业面临着试错成本高的困境。

3. 低普及度之困

隐私计算普及度还不高，市场培育尚未完成，很难被理解和信任。即使在 IT 领域，完整了解隐私计算的人也不多，市面上关于隐私计算的入门类书籍寥寥可数。低普及度导致技术人才缺乏，应用落地成本高。提高隐私计算的普及度可以说是隐私计算生态建设中最重要的工作之一。

4. 缺乏成熟商业模式之困

近年来，隐私计算技术虽然得到了快速发展，但是成熟的商业模式尚未形成。如何进行数据资产化、如何制定合理的激励机制和利益分配机制等仍然是该领域的热点话题。医疗、政务、金融等行业都已经形成一些固化的模式，重构过去的数据流通、融合等相关的业务流程并形成新的商业模式面临着巨大的挑战。

11.2　隐私计算的趋势与展望

虽然隐私计算的应用面临多重困境，然而正如我们在 1.4 节中所述，隐私计算仍是重大科技趋势。国内隐私计算标准制定的主导者中国信息通信研究院（简称"中国信通院"）在《隐私保护计算与合规应用研究报告（2021 年）》中围绕建立健全法律法规体系、加快标准体系建设、强化全流程风险防控、明确安全与发展并举以及人才培养进行了展望（见图 11-1），为关注个人信息和隐私保护、隐私计算技术发展的社会各界提供了有益参考。

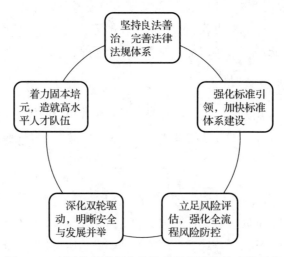

图 11-1　中国信通院提出的隐私保护计算技术的展望

在技术发展投入方面，我们也已经可喜地看到大数据相关企业对数据治理力度的持续投入，以及高科技技术公司对隐私计算研发的持续投入。对于隐私计算，一系列新的发展趋势正在形成。

1）软硬件协同和平台整合正在大幅提升隐私计算的性能和便利性。通过平台基础设施的整合以及对隐私计算的硬件加速，我们可以实现从数据存储到机器学习建模等全方位的能力提升。

2）区块链技术的出现为隐私计算提供了新的解决方案。区块链技术与隐私计算技术的整合既提高了区块链的隐私保护能力，也在一定程度上提高了隐私计算结果的不可篡改性和可验证性。

3）隐私计算正在向大规模分布式计算迈进，实现方式也更加多样化。一些项目团队开始尝试构建通用型框架，大大提高了隐私计算应用的开发效率，降低了隐私计算产品的开发门槛。

可以预见，隐私计算将在数据治理、数据协作，以及像人工智能、新基建等新兴数字产业的商业应用中发挥举足轻重的作用。

11.3　隐私计算技术标准化

俗话说，"不以规矩，不能成方圆"。标准对于行业的规范化、高质量化发展起着重要的作用。近几年，国际上隐私计算的相关技术标准一直在稳步推进中。如表 11-1 所示，多家标准制定组织或者行业联盟已经发布或者正在起草隐私计算中部分技术的标准。

表 11-1　国际上隐私计算技术标准制定情况

隐私计算技术名称	标准制定组织	标准制定状态
秘密共享	ISO	2017 年 10 月公布标准
多方安全计算	ISO	起草中
半同态加密	ISO	2019 年 5 月公布标准
全同态加密	全同态加密标准化开放联盟	2018 年 3 月、11 月公布草案
联邦学习	IEEE	2021 年 3 月公布标准
可信执行环境	GlobalPlatform	2010 年 7 月公布标准
联邦学习	ITU-T	2021 年 6 月通过

在国内，随着隐私计算技术的逐渐兴起，为了推动隐私计算技术的合规应用，为数

据合规流通夯实技术基础，中国信通院联合 20 余家隐私计算技术相关企业共同制定了隐私计算系列标准，希望推动隐私计算技术的广泛应用，为用户提供选型参考。2020年 7 月，中国信通院在 "2020 大数据产业峰会成果发布会" 上正式发布了《基于多方安全计算的数据流通产品 技术要求与测试方法》（修订版）、《基于可信执行环境的数据计算平台 技术要求与测试方法》《基于联邦学习的数据流通产品 技术要求与测试方法》3 项隐私计算系列标准。2020 年 12 月，中国信通院在 "2020 数据资产管理大会" 上正式发布了《区块链辅助的隐私计算技术工具 技术要求与测试方法》。

1.《基于多方安全计算的数据流通产品 技术要求与测试方法》（修订版）

该标准提出了基于多方安全计算的数据流通产品的建设目标和架构体系，从计算相关基础能力、编译及计算功能、数据流通相关管理功能、产品（安全性、健壮性、稳定性）、性能 5 个角度对产品能力提出了规范要求，共包含 13 个必选测试项和 19 个可选测试项，如表 11-2 所示。

表 11-2 《基于多方安全计算的数据流通产品 技术要求与测试方法》（修订版）测试项

测试项大类	具体测试项名称	测试项数量
计算相关基础能力	数据预先导入能力，数据即时输入能力，多方安全计算结果输出能力，数据预处理功能（格式 / 顺序统一），数据预处理功能（机器学习预处理），机器学习数据融合	6 项
编译及计算功能	计算结果准确性，支持的数据类型，计算类型支持，多方安全计算编译器，SQL 执行与支持功能，支持的机器学习算法	6 项
数据流通相关管理功能	用户信息管理，数据管理功能，安全计算任务管理功能，综合权限管理功能，拒绝任务，终止任务	6 项
产品安全性、健壮性、稳定性	隐私保护特性，通信信道安全性，系统安全性，监控告警功能，日志功能，系统稳定性（网络故障容忍），系统稳定性（节点故障容忍），多方远程部署支持，容错性，多方安全计算算法在线升级支持，平台节点在线升级支持	11 项
性能	计算性能，SQL 联合查询计算性能，联合机器学习计算性能	3 项

2.《基于联邦学习的数据流通产品 技术要求与测试方法》

该标准提出了基于联邦学习的数据流通产品的建设目标和架构体系，从调度管理能力、数据处理能力、算法实现、效果及性能、安全性 5 个角度对产品能力提出了规范要求，共包含 14 个必选测试项和 20 个可选测试项，如表 11-3 所示。

表 11-3　《基于联邦学习的数据流通产品 技术要求与测试方法》测试项

测试项大类	具体测试项名称	测试项数量
调度管理能力	用户账号管理，用户信息管理，节点管理，任务管理，多任务计算，模型管理	6 项
数据处理能力	数据特征导入，数据源对接支持，数据结构，授权管理，数据发布，数据基础分析，样本对齐，特征对齐	8 项
算法实现	特征工程 – 特征预处理，特征工程 – 特征相关性分析，特征工程 – 特征选择，监督学习算法 – 分类，监督学习算法 – 回归，无监督学习算法，深度学习算法	7 项
效果及性能	模型评价指标，模型预测功能，贡献评估，耗时，网络消耗	5 项
安全性	算法安全性，通信信道安全性，计算结果安全性，流程隐私性，身份认证，系统稳定性，日志功能，数据规范性	8 项

3.《基于可信执行环境的数据计算平台 技术要求与测试方法》

该标准提出了基于可信执行环境的数据计算平台的建设目标和架构体系，从任务处理能力、算法拓展性、环境验证、通信安全、计算机密性、一致性、数据存储、审计和运维 9 个角度对产品能力提出了规范要求，共包含 21 个必选测试项和 19 个可选测试项，如表 11-4 所示。

表 11-4　《基于可信执行环境的数据计算平台 技术要求与测试方法》测试项

测试项大类	具体测试项名称	测试项数量
任务处理能力	用户访问控制，用户权限设置，参与方准入控制，任务发起，拒绝任务，终止任务，任务追踪，任务监控报警功能，数据融合，获取计算结果，历史任务查询	11 项
算法拓展性	密码算法的可用性与正确性，机器学习算法的可用性，可适配的机器学习算法	3 项
环境验证	远程验证	1 项
通信安全	TEE 加密通信	1 项
计算机密性	数据隐私性，计算隔绝性，计算结果安全性，计算结果防篡改，任务数据隔离性，侧信道安全（加密模块），侧信道安全（计算任务）	7 项
一致性	算法一致性，任务数据一致性，任务一致性	3 项
数据存储	管理域内存储隔离，数据存储加密性，数据封存	3 项
审计	审计数据，审计计算任务	2 项
运维	系统配置信息的有效性检查，新增节点，节点下线，节点升级，节点配置修改，监控节点状态；故障恢复；故障监控；故障告警	9 项

4.《区块链辅助的隐私计算技术工具 技术要求与测试方法》

隐私计算虽然实现了"数据可用不可见"，但是计算过程和结果却缺乏可验证性。而区块链具备数据不可篡改的特性，可以实现计算过程中关键数据和环节的上链存证回溯、数据的链上存证核验，确保计算过程的可验证。将区块链技术与隐私计算技术结合，可以辅助增强隐私计算任务中数据端到端及全生命周期的隐私性、安全性和可追溯性。

该标准提出了区块链辅助的隐私计算技术工具的建设目标和架构体系，从系统管理能力、数据处理能力、计算能力、安全性、性能 5 个角度对产品能力提出了规范要求，共包含 15 个必选测试项和 13 个可选测试项，如表 11-5 所示。

表 11-5　《区块链辅助的隐私计算技术工具 技术要求与测试方法》测试项

测试项大类	具体测试项名称	测试项数量
系统管理能力	用户管理功能，隐私计算节点管理功能，区块链节点管理功能，区块链信息查看功能，区块链智能合约管理功能，区块链密钥管理功能，数据目录管理功能，任务管理能力，数据资源授权管理功能	9 项
数据处理能力	数据集管理能力，输入数据类型支持，数据预处理能力	3 项
计算能力	隐私计算结果输出能力，隐私计算结果准确性，基础计算功能，数据集合计算功能，多项式计算功能，复杂计算功能支持，区块链交互功能，区块链协调方功能	8 项
安全性	数据隐私安全功能，网络通信安全，密码算法安全，系统稳定性（隐私计算平台），系统稳定性（区块链网络），隐私计算过程可审计功能	6 项
性能	隐私计算节点性能，区块链节点性能	2 项

总体来看，隐私计算标准还并未非常全面和成熟，在研发与实际技术发展水平紧密衔接、可操作性、量化指标等方面仍有很多工作要做。

11.4　数据要素化与隐私计算

2020 年 4 月，中共中央、国务院颁布《关于构建更加完善的要素市场化配置体制机制的意见》，将数据列为一种新型生产要素，与土地、劳动力、资本、技术等传统要素并列，指出要推进政府数据开放共享、提升社会数据资源价值、加强数据资源整合和安全保护、引导培育大数据交易市场，加速各种智能场景的应用。该文件明确了数据正在成为现阶段最为核心的生成要素，表达了国家和政府对数据价值的高度重视，对数据安全也提出了严格的要求。

2020 年 10 月，十九届五中全会通过"十四五"规划建议，更加明确地指出，新时代的数据不再是传统意义上的数据，要明确数据作为核心生产要素的重要性，有计划地安排和使用好数据，才能为科技创新提供更多的可能。

在技术方面，工业和信息化部（简称"工信部"）早在 2016 年年底发布《大数据产业发展规划（2016—2020 年）》，提出要支持企业加强多方安全计算等数据流通的关键技术攻关和测试验证。工信部发布的《工业大数据发展指导意见（征求意见稿）》提出，在工业领域积极推广多方安全计算技术，促进工业数据安全流通。

2021 年 9 月 1 日施行的《数据安全法》以法律形式明确了数据管理者和运营者的数据保护责任，提出了"保护个人、组织与数据有关的权益，鼓励数据依法合理有效利用，保障数据依法有序自由流动，促进以数据为关键要素的数字经济发展"的原则，明确了"国家实施大数据战略，推进数据基础设施建设"并鼓励创新，还提出了"建立健全数据交易管理制度，规范数据交易行为，培育数据交易市场"，在数据确权、数据估值、数据贸易的数字经济立法趋势上更进了一步。

国家政策的出台和布局不仅从法律层面明确了数据安全和个人隐私保护的必要性，也为隐私计算技术和应用奠定了良好基础，加强了各行各业在数据的采集、使用、交易和流通等各环节的数据保护，为隐私计算产业带来了重大利好。未来，隐私计算技术有望成为数据合规流通基础设施的关键技术，在保证安全的前提下有效、持续地释放数据要素价值，促进数字经济高质量发展。

11.5　本章小结

虽然隐私计算依然面临重重困难，但无论是商业研究机构还是科技巨头都已经意识到隐私计算是重大科技趋势之一。部分机构随着隐私计算相关标准的建立陆续入场。国家政策的出台和布局落地利好隐私计算产业。未来，隐私计算技术有望成为数据合规流通基础设施的关键技术。